U0021157

預約**實用知識**，延伸**出版價值**

預約實用知識，延伸出版價值

其實你可以

打破CP值迷思，放大商品獨特價值，
讓顧客乖乖掏錢買單

再賣貴一點

金裕鎮

著

당신의 가격은
틀렸습니다

최고의 이윤을
남기는 가격 의비밀

~~NT$ 1250~~
NT$ 2250

~~NT$ 1250~~
NT$ 2250

張雅婷—譯

目錄 Contents

如何做出人無我有、
人有我優的產品

王奕凱／起士公爵創辦人

　　一開始閱讀這本書時，文章中的「價格＝價值＋格」觀念就是我心裡十分認同的。如同起士公爵團隊常在思考的：如何做到「人無我有、人有我優」的概念。但我心裡卻直呼「哇，作者好勇敢耶，竟然敢直接講出來！」，因為這在儒家含蓄思維中，一般心裡對於價格總是「不好意思」將價值背後的多項成本與格調定位後的金額大方講出來，總是怕唸叨出數字後成了客人眼中市儈的商人。

　　但我後來想想，其實這應該就是作者出版這本書的目的，希望能認真把品牌與產品的定位與能力做出來，把真正符合品味的商品價格設定好，呈現給品牌想要耕耘的受眾，讓對的人買對的東西。例如有些使用者就是喜歡 Apple 推出的產品質感與設計；而有些使用者就是喜歡 Android 的風格

與效能感；更有些使用者專注喜歡非智慧型的單一通話功能手機。專心經營各自用戶的目標市場，把自己最擅長領域提供給顧客，並讓他們好好享受品牌的用心。

近幾年在消費市場中常常聽到「CP值」二字的評論，確實以狹義方向來說，太過專注CP值對於品質或生活質感來說就如同天秤兩端般的難以兩全，過於傾向一方就易偏廢另一方。但以廣義的CP值來說，Cost倒不一定要用「成本」二字來詮釋，若以「交換的代價」來看似乎更為貼切。

這麼說好了，就像注重車價經濟實惠的族群與專注安全或科技功能的車主，在為自己與家人的購車選擇上就完全不同方向。如果追求座駕的寧靜感，那麼對那句「坐在勞斯萊斯裡，你唯一聽得到的聲音只有中控臺上的車鐘」的追求，就不是狹義CP值推崇者所會選擇的。而廣義的CP值用戶倒覺得那種行車空間的寧靜是每日交通中難得可以讓心平靜思考的享受空間，所以他願意用品牌訂好的價格來交換。

因此，與其推出me too的產品與服務，倒不如專注在自己想要經營的用戶身上，向他們推廣企業獨特價值的作品，讓品牌與用戶雙贏，也讓足夠的利潤提供企業內部員工更好的生活品質至三贏境界，更在競爭激烈的商業環境中擁有永續經營的籌碼。

設計令人心動的價值

周育潤／周育潤設計工作室負責人

　　若是在下午場次的設計思考工作營，我通常會先讓學員做個暖身運動，除了消弭午後的昏睡感之外，也讓他們可以比較沒有距離感地認識如何創造價值的差異性。這個練習是這樣的：我會請大家拿張便條紙，回想剛剛吃過了什麼午餐，再把其中菜色換個名字，將原本100元的便當，變成餐廳菜單裡定價超過500元的餐點。

　　學員分享的過程中，大約有1/5的命名能讓人腦海中浮出餐點的畫面，甚至嚥了下口水；但也有許多人甚至差點想不起來剛剛吃過了什麼？或是新菜名反而降低了讓人想吃的念頭。這約莫十分鐘的訓練並不是要教大家如何使用誇飾的行銷手法，而是喚起你我生活中不經意的小細節，發掘出產品本身的價值，再用設計詮釋，將其中蘊含的訊息傳遞給消費者。如同本書作者金裕鎮所說：「顧客想買的並非單純只

是產品，而是乘載勞動力與故事的作品。」唯有透過把想法放入價值的概念，才能創造出獨一無二的產品，在市場上擁有自訂價格的權利。

但要如何確定這項產品的價值？或者透過設計我們應該有什麼期待？具體來說，設計所扮演的角色不應只是最後美感的表現，很多時候更是一開始方向的確立。我們可以試著把不同產品對應到馬斯洛的需求層次金字塔中，最底層是能滿足消費者的基本功能需求，這類產品與其他競爭對手大同小異，只能靠著外型、價格來做出些微的區隔與差異。中間層為社會需求，倘若這時有獨特的內容可以打動某些族群，必能與消費者進行更深層的溝通，增加了彼此之間的黏著度，形成購買的理由。最後頂端為自我實現，往往跟個人經驗或是情感記憶有關，指使用者能透過產品，達到跳脫物質功能面的精神滿足，這時候就非買不可了，價格也就不是主要考慮的因素。

我對於作者強調「價格＝價值＋格」的論點特別有感。

在今日處處強調高CP值的消費市場，往往被低估或捨棄掉的就是背後的人性。太多同質性的產品在生存需求的底層你爭我奪、無法分辨出價值，更不用說「格」了。在這樣的環境之下，是否我們漸漸失去了品味生活細節的感動？

　　我相信不管是身為經營者或是消費者的你，在閱讀完此書後，會對於如何訂價與如何漲價有了更深一層的瞭解，或甚至認為這是在物價飛漲的時代裡的負面示範！而我認為，過去以製造業打下根基的臺灣與韓國，確實應該重新思考我們的訂價策略，但同時間創造能打動人心的豐富內涵，用更有格的產品讓消費這件事不只是基本需求，更是堆疊出生活厚度的文化。

其實你可以再賣貴一點

我準備了一份非常特別的禮物

可以賣得更貴一點

얼마든지 더 올릴 수 있습니다

唐朝有九不藥，我們有九不價格。九個祕訣教
你訂出最棒的價格。

於我而言，人生中有九位良師。其中一位是唐代的中
醫師宋清。雖然未曾謀面，但是我時刻對他保持尊敬，並將
他的教誨反覆刻記於心。宋清老師的一生中所提出的論點，
有許多是後世學者們藉著心理學、腦科學和行為經濟學等知
識，才悟出關於價格的哲學。那麼現在讓我們一起暫時回到
1400年前的中國唐朝長安城吧。你準備好了嗎？

有一位弟子問醫人無數、如同傳說般的宋清老師：

「為什麼有如此多的病人都來找老師呢，請問祕訣是
什麼？」
「我認為是多虧有『九不藥』。」
「九不藥，請問那是什麼？」
「這個祕訣就是治療病人的九種『不』。」
「可以請您再說明得更仔細一點嗎？」
「這可是很值錢的祕訣，你可要仔細聽喔。」

第一：讓對方不會懷疑我（不信）。

第二：消弭對方的不安感（不安）。

第三：不讓對方對我懷恨在心（不快）。

第四：單純地陳述事實（不勾）。

第五：讓對方相信我不會用假的藥價來騙他（不
　　　值）。

第六：消除我跟對方之間的距離（不倚）。

第七：不要讓對方覺得我沒有誠意（不衷）。

第八：不要讓對方覺得沒有受到尊重（不敬）。

第九：不能讓對方覺得我的言行有違原則（不
　　　規）。

一行一行讀下來，我起了雞皮疙瘩，因為宋清老師賣
的不是藥，而是「解法」。這世界上所有關係建立時都需要
的解法。如果雙方無法建立關係，就無法產生信任感；如果
沒有信任感，就無法進行交易。

我讀完這則寓言後，毫不猶豫地將它套用在「價格」
上。世界上沒有任何一位頂尖學者可以提出的研究結果，
正藏於這九個句子之中，我稱其為「九不價格」。「九不價
格」是可以讓任何一種市場、任何一位顧客，都不會有異議
的制訂價格九大祕訣。

第一：讓顧客不會懷疑「我提供的產品與服務」
　　　（不信）。

第二：消弭對方「對於產品與服務」的不安感（不安）。

第三：「當顧客購買產品後」不會對我懷恨在心（不快）。

第四：單純地陳述「販賣」事實（不勾）。

第五：讓對方相信我不會用假的「商品價格」騙他（不值）。

第六：消除我跟顧客之間「想法」的差異（不倚）。

第七：不要讓對方覺得我沒有誠意地「準備商品或是服務」（不衷）。

第八：不要讓顧客覺得我沒有「尊重顧客的心」（不敬）。

第九：不能讓顧客覺得我的「販售或營利行為」有違原則（不規）。

一條一條寫下來，讓我產生這種想法。

「只要開名為『價格』的藥方給顧客就可以了啊。」

提供具體說明，讓顧客不起疑心。提供線索，讓顧客不後悔做這個選擇。並於售後提供服務，讓顧客認為他做了正確的選擇。不要動用商業伎倆、不欺騙顧客，盡可能滿足顧客需求，將產品與服務準備的流程透明化。為了讓顧客感到幸福與滿足，需要充分做到以上行為，讓顧客相信我們一

定會遵守約定。

　　從今天開始將這件事銘記於心，價格不再是單純的交易手段、數字，而是可以讓顧客感到安心的「藥方」。只要遵守以上九項原則，顧客再也不會認為你提供的價格會讓他們痛苦，反而是可以治癒心理與生活中痛苦的「良藥」。也就是說，顧客認為你提出的價格比起其他人更值得信任、更加有公信力，並且他們會一直相信它。你覺得如何呢？準備好要跟我一起將宋清老師的教誨傳播到全世界嗎？

接下來要開始講解，
如何提高價格、留下更多利潤的故事了。

PART 1

光是用**價格**
就可以改變人生

가격 하나로 인생이 바뀝니다

價格＝價值＋格：
將價值附加上「格」

　　當你想到「價格」二字，第一個冒出的想法是什麼呢？讓我再說得更仔細一點，當你想到「價格」時，腦中會浮現什麼樣的畫面？錢？數字？價目表？雖然可能因人而異，但是我認為大部分的人應該會最先想到以上三樣東西。好的，我們先來看看價格在字典中的定義吧？字典中的釋義是這樣寫的：

> **價格（名詞）**：以貨幣所表現的商品價值。

　　但是我想用稍微不同的角度解釋這個字，因為我認為單純用價值來理解「價格」是不夠的，如果想讓顧客享受到物品最大的價值，我們需要什麼東西呢？那就是「格」。格並非單純的交換價值或幸福價值，而是能讓物品價值更加突出，使得持有該物品的人，可以獲得最大的滿足感。如此定義之後，所有的問題就可以解開了。

價格，價值與格。這裡的格，是指產品應該具有的格局，即產品的品味。在餐廳也需要價值與格，在飯店、在髮廊、在醫院、在禮儀公司，都需要價值與格。**如果想要有完美的價格，價值與格，缺一不可。更精確一點的說法是，當價值附加上格，你就可以比現在更加有自信地訂出想賣的價格。**

　　價格由二種東西組成，產品與服務所具備的價值，以及非常重要的「格」。我決定以後要這樣定義價格，**價格＝價值＋格**。所以從現在開始價格的公式，我相信你一定可以牢牢地記住。定義如下：

價格＝價值＋格

　　價值與格，是二種完全不一樣的東西。價值是事物所具有的「用處」。也就是說，它的用處有沒有符合它的價格，顧客付錢後能不能獲得與金額同等的好處，衡量的標準就是價值，意即它值多少錢。例如學生認為比起所繳交的補習班費金額，他沒有獲得應得的教育或是照顧，他就會認為這一間補習班不值得，這就是一間對顧客來說「沒有用」的補習班。同樣的道理也可以套用在髮廊、醫院、旅宿……顧客深思熟慮後，把好不容易準備的、珍貴的錢付了出去，如果沒辦法獲得應有的對待，顧客便會感到失望，然後不再付錢交易。反之，如果顧客認為比起他付出的金額，他能獲得更多好處，再加上如果他能認同該事物的價值，他就非常有

可能從單純的消費者變成常客。關於價值先以此做個結束，現在我要說明關於「格」的部分。

為什麼在說明價格，偏偏要把「格」挑出來講呢？這跟差異化策略有很密切的關係。所謂差異化就是拉開我與競爭者的等級，也就是拉開層次。在相同標準下，分為水平性差異與垂直性差異。但是策略性差異化是指與競爭者相較之下，等級、層次、程度不一樣，也就是水準比較高的意思。

「這輛車的等級不一樣喔。」
「天啊，這間餐廳服務水準不一樣喔。」
「接待親家公不用拿出水準來嗎？」

「格」在日常生活中也很常被使用。雖然難以用數字量化，但是只要水準高一點點，即便只有1%也可以讓人類變得更幸福。當人們熬過窮困時期，所得逐漸增加後，大部分的人都會有這種想法。

「雖然只是吃一頓飯，但是**既然要吃當然要去乾淨一點的地方啊。**」
「反正一年只去度假一次，**如果可以的話希望房間可以看到大海。**」
「老婆，車買了之後可以開十年。**既然要買，乾脆**

買 B 牌如何？」

我認為這裡的「既然、如果可以」就是「格」。「既然、如果可以」這些話裡面隱藏著人的欲望。這些有形無形的價值，附加在購買條件或行為上。既然要買就想連生理、社會、知識和藝術等各方面的欲望都滿足，這是人類的本能。於是我把目標鎖定在「格」，我認為以價值為前提，再附加上格，就可以形成各種程度的差異化。這裡就先來舉個例子。

我買了一臺新上市的吹風機，這個物品原本是設計用來吹乾頭髮。但是這個新產品的層次不一樣，也就是「格」不一樣。吹乾頭髮是基本功能，使用後會有蓬鬆頭髮的效果，讓髮量看起來更加豐盛。所以它並非只是單純的吹風機，而是到達另一個層次（廣告商們真的很喜歡用這個說法）的吹風機。這時候我們會這樣說：

「吹乾是基本功能，**如果可以**希望它還有蓬鬆頭髮的效果。」

所以，我想要這樣下定義，**這個叫做「格」的傢伙與價值結合後，可以提高價格完整性，其實它就是「既然、如果可以」**啊。為了讓你的產品與服務，可以被冠上「既然、如果可以」這類的形容。我們試著在一次元的基本功能上，附加

二次元的其他功能，看看會有什麼樣的效果？

　　首先，消費者與顧客會毫不猶豫地選擇此商品。選擇商品的行為自然而然地連接到心理的舒適感，顧客會認為這也是自己獲得好處之一。買下這個商品不僅可以保有品味、減少煩惱，甚至還可以獲得舒適感這種好處，顧客自然無法抗拒，因為它不只是提供價值，還提供品味。

　　環顧一下你所看到的商店，品牌和商場都是構成格的一部分。

招牌、門把、櫥窗、電鈴聲、地板材質、櫃檯、
燈光、壁紙、桌子、運動器材、電梯、鏡子、自
動販賣機、衛生紙、音響、肥皂、毛巾、消毒
劑、跑步機、剪刀、椅子、椅背、浴袍、被套、
洗手臺、浴缸、螢幕、冷氣……

　　請仔細地一個一個反覆查看，這些因為太熟悉而容易錯過的構成要素。究竟可以用什麼方式，將格提升到符合「既然、如果可以」呢？如果可以將每一個要素的水準皆提升1%，品牌與產品的水準也會跟著提升，提升的效果最終也可以反映到價格上。因為價格與價值、格成正比。這個理論不只適用於高價位商品，街頭小吃只要可以提升格，也有辦法賣更高價。購買阻力並非單純因價格而生，是因為毫無

理由地想將與別人等級差不多的產品，用比別人貴的價格賣出，如此一來才造成顧客不願意購買。如果格改變了，客群也會跟著改變。因為到處都會有顧客認可提升格的重要性。

> 「老公，麻煩你下班回來的時候，順便買二根熱狗。**既然要買**就買有起司、單支包裝的那家，你知道吧？」

想要提高訂價嗎？想要用提高過的價格抓住顧客的心嗎？請牢記這兩個詞：

「格」

及

「既然、如果可以」

現在馬上可以提升「格」的五大祕訣：CLASS

　　不久前我看了朴敘俊主演的《梨泰院CLASS》，我覺得這部劇滿有趣的。這部電視劇的主題是成長＋成功，它的完成度很高，主題曲〈開始〉我不知道聽了幾次。不管是在走路或是開車，我常常興奮地哼著這首歌。那麼從現在開始，為了那些想跟我一起重新「開始」的人，我將毫不保留地分享可以簡單地跟著做的「提升格」五大祕訣。但是你一定要牢記我之前提過的「既然、如果可以」。

　　在企劃這本書的時候，我煩惱最久的部分就是「該如何解說『格』」。想了很久之後，我決定將最近炙手可熱的單字CLASS拿來使用。

CLASS：Calm（寧靜）、Longevity（壽命）、Awesome（哇喔！）、Satisfy（滿意）、Supreme（極致）

　　要走一條不在地圖上的路並不容易，所以在你踏上旅途之前，我想安排五位導遊給你們。好的，我先介紹第一位

導遊，它叫做C。

Calm（寧靜）

我們需要寧靜地創造格。如果充滿吵鬧和混亂，絕對無法創造出「格」。請你想想看，鬧哄哄的小酒店跟有品味的主廚特製料理店。我想跟那些覺得「我們這種店本來就很吵」的人強調一件事，氣氛有活力跟吵雜是兩回事。顧客所製造的「沒辦法制止的噪音」都是可以用隔音牆、隔音板和吸音板等方式處理。不管顧客講話多麼大聲，只要能將影響到其他顧客程度降到最低就好。隔板、簾、幕……不管用什麼方法都可以。因為對顧客來說，愈能控制紛擾的空間，愈能顯現出「格」，就像市場 vs 百貨公司、工地 vs 工坊、路邊攤 vs 餐廳、花車促銷衣服 vs 高級服裝店、戰地醫院 vs VIP病房……。安靜的地方就能營造出「格」，所以從現在開始，請員工們不要再站在遠處對著顧客大喊，請靠近顧客輕聲細語地對他們說話，格就從寧靜開始。

Longevity（壽命）

不知從什麼時候開始，我們開始不在乎差異性。如果大家都愈來愈類似，顧客就沒有理由一定要選擇我的品牌，因為都差不多啊。那些格調不同的名牌，它們非常厭惡和其他品牌走在相同的路上，所以不與其他品牌使用相同的皮料，也不想使用和他人相同的配件，也會避免使用相同的工藝技術等。它們執著於擁有自己的風格，這樣品牌的壽命才

會長久,因為我們已經太熟悉市場中的商品漸漸標準化。我看過太多品牌,原本以為它們未來可以支配全國市場,但是卻在二、三年內不知不覺地消失。這是因為類似的競爭者如雨後春筍般出現,瓜分了市場。

想要從這樣的狀況抽身,就要避開市場中大部分賣家在賣的東西,也就是要選擇別人不做的事來做。決定要做什麼事的人是老闆,但是能冷靜地選擇不做什麼事的人才是有謀略的老闆。商品、服務、價格也都是同樣的道理。

> 「既然如此,那就絕對不要做大部分競爭者在做的事。」

如此下定決心才能提高品牌水準及壽命。

Awesome（哇喔！）

這是我最喜歡的詞。請你一定要讓顧客看到你的商品或服務的瞬間,可以爆發出「哇喔!」、「太讚了!」、「天啊⋯⋯」、「我都起雞皮疙瘩了!」這類的讚嘆,但是要怎樣才能讓顧客發出讚嘆呢?

1. 當他們從來都沒看過這樣的東西
2. 比他們之前看過的都還要精細
3. 規模比他們想像的還要大

4. 顛覆顧客以往認知的時候

　　以上幾項，你最容易應用的應該是第四項。顧客因為看過太多東西，就會想說反正都差不多。但是要讓顧客知道，你能提供獨特的商品或服務，這樣才能讓顧客有新鮮感。

　　「什麼？血腸湯的高湯居然是用韓牛熬的。」
　　「買西裝送十次免費乾洗？」
　　「怎麼可能，我跟湯姆‧克魯斯戴同款手錶？」

　　其實，顧客不知道的東西很多。請親切詳細地為他們說明，既然如此何不告訴他們一些他們知道後會感到驚訝的事情呢。

Satisfy（滿意）

　　我們總是在追求滿意這二個字，但是如果隨便問一個人滿意到底是什麼，卻沒有人能答得出來。這時候需要的技巧就是「從反面看」，也就是看看它的反義詞。我們雖然沒辦法準確掌握「滿意」所代表的概念，但是它的反義詞「不滿意」卻能為我們帶來解答。

滿意 ←——→ 不滿意

我想這樣定義：

「所謂滿意，就是將顧客感受到的不滿意統統解決。」

　　無論是在餐廳、髮廊、飯店、服飾店、超市、通訊行、醫院、化妝品店還是動物園，把顧客感到不滿意的點統統找出來，最簡單的方法就是搜尋 #（標籤）。只要在 # 後面打上你的品牌或是同業、競爭者的品牌，就可以看到各種顧客感到不滿意的原因。呆坐在原地絕對沒辦法將格提升，知道為什麼高水準的品牌都可以預知顧客想要什麼嗎？因為他們知道將顧客的不滿意解決後，滿意度會提升，格自然而然也會跟著上升。我希望顧客對你的品牌不滿意可以全部消失，並且希望他們可以被你的品牌迷得神魂顛倒，甚至漸漸覺得要拿你的品牌與其他競爭者相比太浪費時間。

　　相信沒有人不認識這個商標。我不是說要公開提升格的祕訣嗎，接下來我要解釋我為什麼會提到 Supreme 這個品牌。

　　Supreme 是一個服裝品牌，它於 1994 年 4 月將曼哈頓市內的老舊辦公室改造成一間賣場。他們將衣物陳列在賣場四周，賣場中間則是空出來讓人們可以滑滑板。這個點子並不是隨便任何人都可以想出來的。天啊，居然將商用空間的一部分作為遊玩空間。這個設計馬上就一傳十，十傳百，Supreme 變成滑板愛好者們的聖地。它開始受到媒體矚目之後，名人們便開始進出這個地方。隨後，網紅們也大舉朝聖，漸漸地人們也跟著加入這個行列。此後，比 Supreme 更高水準的品牌也開始邀請 Supreme 進行商業合作。

　　我直接說出結論好了，請學習 Supreme，將目標客群訂得窄一點。因為你需要會讚頌品牌的死忠粉絲，如果沒有忠實客群是無法建立「格」的。將目標市場與客群再縮得更小，因為如果沒有那些急著想將品牌介紹出去的「品牌傳道士」，你能建立格的機會將十分渺茫。死忠粉絲的數量與格成正比，死忠粉絲數量愈多，格就可以提升得愈高。愈受大眾喜愛，格則愈會降低。所以，請先瘋狂地照顧忠實顧客，當品牌漸入佳境後，就要試著找比自己還要有名、有水準的品牌進行合作。

「『格』並非與生俱來，而是建立出來的。」

價值＝好處÷費用：
增加好處，減少費用

首先介紹一個簡單的公式給你。

$$價值 = \frac{好處}{費用}$$

生活的每一瞬間，我們都在計較價值。

「請爸媽去那間烤肉店吃飯可以嗎？（有那個價值嗎？）」

「這間公寓前面的理髮廳可以去嗎？（有去的價值嗎？）」

　　價值是我們支付費用後可以獲得的好處，因此提升價值的公式非常簡單。只要提升分子（好處），或是降低分母（費用）。如果顧客可以拿到比支付金額還多的好處，就會

認為這個東西有價值。反之,如果沒有獲得與支付金額等量的好處,就會認為價值不高或沒有價值。好處與費用影響顧客決定是否要購買的比重很高。

有二位醫術都很高超的醫生,一位叫金醫生,他真的非常用心地看診;還有一位叫崔醫生,他也很認真看診,但是他在診療結束後會持續照顧患者,像是傳簡訊或影片關心患者,並詳細地說明注意事項。

> 「阿伯,今天真的辛苦了。等麻醉退了之後,會開始有點痛。到時候就用我放在藥袋裡的保冷袋,從下而上慢慢地冰敷,這樣會比較不痛。對了,您睡覺的時候可能會流帶血的口水,所以睡覺的時候一定要先墊防水布喔。還有,即使會痛也一定要吃飯。」

你在這二位醫生中會選擇哪位呢?如果是我一定毫不猶豫地選擇崔醫生。因為比起普通只看診的金醫生,從崔醫生那得到的好處更多、更暖心啊。但是,這是在看診費相同的前提之下。大家應該都很瞭解,如果費用不同享有的好處與得到的服務一定是會有所差異的吧?

換說說去髮廊剪頭髮吧。「哪家不都差不多嗎?」雖然大家會這樣想,但是其實都還是會做功課。以我為例,雖然

沒有特定的標準，但是我會先看看「先前顧客」的意見，也就是先看評論。這是本能，想要驗證事實的本能。這是顧客的本能，在決定購買之前，想先確定與我類似的顧客是否對這個東西滿意。

但是想要「準確地」幫滿意這個單字下定義不是件容易的事。幸福指數該從何計算，又該到達哪種程度才能算是滿意呢，這件事情太難說了。也因為如此，滿意的標準多少因人而異。總之，大家會透過搜尋與比較來分析，確定可能會滿意之後，才開始準備購買。

下面的例子是我這三個月裡，體驗二家髮廊的經驗。

A髮廊

- 代客停車
- 迎賓飲料
- 男女使用不同的剪髮袍
- 等待區有按摩椅
- 設計師提供剪髮服務
- 一般洗髮精
- 消費可累積點數

B髮廊

- 車需自行停至停車場
- 自助式咖啡、果汁
- 男女使用不同的剪髮袍
- 沙發等待區
- 設計師提供剪髮服務
- 碳酸洗髮精
- 拍攝證件照

你會想去哪一家髮廊呢？其實我們不太容易比較哪一家的好處比較多。你是10幾歲？20幾歲？30幾歲？還是40幾歲呢？每個年齡層的喜好都不同，每個職業喜歡的東西也都不一樣。我接下來要介紹第三家髮廊的服務。

A髮廊

- 代客停車
- 迎賓飲料
- 男女使用不同的剪髮袍
- 等待區有按摩椅
- 設計師提供剪髮服務
- 一般洗髮精
- 消費可累積點數

B髮廊

- 車需自行停至停車場
- 自助式咖啡、果汁
- 男女使用不同的剪髮袍
- 沙發等待區
- 設計師提供剪髮服務
- 碳酸洗髮精
- 拍攝證件照

C髮廊

- 公共停車場
- 自動販賣機咖啡
- 共用剪髮袍
- 沙發等待區
- 設計師提供剪髮服務
- 一般洗髮精
- 結帳

這樣比較情況就不一樣了。以價錢相同為前提，不會有人想選C吧？因為比起付出去的錢，獲得的好處更少。大部分的人會這樣想。

「比起A或B，C比較沒價值，不會想去第二次。」

　　但是價值並非自然而然產生的，它是從老闆的想法及策略而生。因為如果老闆只追求跟別人一樣的話，絕對不會提供更多好處給顧客。既無法減少顧客付錢所感受到的痛苦，也無法讓顧客安心，可能反而會讓顧客起疑心。而我厭惡的方法是在競爭時無差別的調降價格，採取「價格差異化」的策略。

　　有許多老闆不知道如何透過細節滿足顧客需求，或仔細分析找出自身的優點。他們很容易陷入「低價策略」的誘惑。（用策略來稱呼這種手段我都覺得尷尬）如果想讓顧客和我站在同一陣線、對競爭者的產品沒興趣，就要讓顧客在乎的好處夠多才行。（這裡的重點是顧客在乎的好處，而非老闆認為的好處。）請你再仔細看看上文提到的等式，應該會產生這樣的想法。

　　「原來想要增加品牌價值，可以透過減少顧客支付
　的費用或增加他們可以獲得的好處來達成啊……」

　　現在大家理解好處是什麼了，那麼只要你能掌握好前一章我們學過的「格」，就可以成為操縱訂價的價格操控師。

想一想！

　　請寫出我的品牌或是店面（賣場）有哪些元素，顧客會認為是他們可以獲得的好處。

- _____
- _____
- _____
- _____
- _____
- _____
- _____
- _____

　　請注意，其他競爭者都有提供的東西並不能算是好處。與支付金額相關的好處，雖然顧客會樂意接受，但是它並不能算是品牌價值。一開始可能連五、六個都想不出來，也會懷疑自己所提供的到底算不算是好處。但是沒關係，只要試著列二次，你就可以成為「好處達人」。就像上文中提到的三間髮廊的舉例，除了自己提供的好處之外，也請寫下其他競爭者提供的好處，那麼就會不自覺地發出「啊！」的感嘆聲。因為這麼一比較就可以明顯地看出來。說不定之前你一直忽視的那些元素，其實一直悄悄地對著你說：

　　「快把我升級呀！趁顧客還在的時候，對他們好一點！」

請刺激顧客的占有欲

如果你想成為真正的價格藝術家、價格創造者，那麼比起分析數字，首先要先分析的是顧客的欲望。大部分的人會執著於數字，要訂9還是5呢？然後覺得5000元是不是太高了，結果就犯下大錯把價格降到4900元。雖然價格的祕密源自於「迫切」，但是找出親民的數字並無法創造出迫切。

能讓顧客覺得「真的好想要」的產品與服務都有一個共通點。

「我現在沒有，或是我本來有但是現在沒有的東西。」

想要是一種欲望。我今天想跟你談談關於「占有欲」這個東西。如果可以一個不漏地知道2300萬的人民想要什麼東西，然後提供給他們的話該有多好。但是即使是最先進的人工智慧（AI）技術也不容易做到。所以我們才會想找出有占有欲的人，或是刺激顧客隱藏在內心的占有欲。

　　但是想找出有占有欲的人需要高超的技術與不懈的努力，因此比起找出有占有欲的人，還不如想辦法讓周圍的人們產生想要擁有的欲望。這才是更快、更有效率的方法。如果你的賣場前面，不會每天有人拿著大把鈔票等二、三小時，只為了求你們賣東西給他們的話，那就表示你的產品與服務可能沒那麼有魅力，沒有那麼能刺激人們的占有欲，人們也不會渴望擁有你的產品與服務。

　　1. 如果顧客不知道你的產品。

　　2. 他不知道自己想不想要擁有你的產品。

　　3. 那就想辦法讓他們想要擁有吧。

我們常常可以在廣告中看到以下這些場面：

「噹～噹～」

　　在歐洲旅行的女性觀光客聽到從某個教堂傳來鐘聲，於是她將手機相機順著聲音來源對焦。接著她將焦距放大到一般人熟知的放大倍率：十倍，此時觀眾以為她會就此停住。但是她卻加速放大，字幕隨之顯示：

「超越10倍，現在是100倍。」

　　喀嚓喀嚓的快門聲搭配著節奏感強烈的背景音樂，鏡

頭畫面跟著自行車比賽移動，穿過各式各樣的騎手。觀眾接著可以看到坐在觀眾席的代言人，代言人拿著智慧型手機拍攝影片。這時出現的字幕再次讓觀眾心跳加速。

「超越4K，現在是8K」

觀眾會漸漸陷入廣告中，並且心想接下來又會出現什麼呢？

此時廣告直接在結尾敲出最後一擊。

「超越1000萬畫素，現在是1億800萬畫素」

當廣告播完，我的視線默默看向充滿大小傷痕的我的手機。製造智慧型手機的大企業花費天文數字的廣告費，就是為了用升級的效能與功能來刺激消費者的占有欲。廣告讓人忽然想去歐洲，或是忽然想去看看環法自行車比賽，而且還覺得不能直接去，一定要拿著廣告中的最新型手機去才行。

如果想要讓顧客想擁有你的產品，設計就要夠精準才行。顧客沒有的東西、從來沒有享受過的東西、無法想像的東西、曾經很珍惜但是現在卻沒有的東西。要能供應這樣的東西，顧客才會想要買你的產品。而這樣的欲望愈強，該項產品的訂價才能愈高。在上文舉例的廣告中，我們還可以注

意到一個重點：「超越」。

　　這些功能並不是我們已知的水準，這些已經大大超越現存水準的功能與性能，更能刺激消費者的占有欲。觀察力敏銳的人可能已經察覺，當公司推出新產品的時候最常強調的重點。沒錯那就是：

　　「另一個次元。」
　　「超越極限。」

　　請不要再把價格當賣點，請推廣「格」。你現在能理解我為什麼用「價格＝價值＋格」定義價格了嗎？

　　1. 刺激顧客的占有欲，讓他們「迫切地渴望」。
　　2. 我的產品與服務要是「超越既有水準、具有前所未有的『格』」。

　　滿足以上兩點，**我才有能力決定價格。**

　　如果想成為具有操控價格力量的價格藝術家，在對數字下手前請先對欲望下手，數字只不過是一層假面。

刺激占有欲的八個原則

1. 比市場上既有的產品與服務還要稀有。

2. 提供多樣的好處。

3. 將「格」提升。

4. 消除顧客會感到不方便的因素。

5. 讓顧客將疑心轉變成安心。

6. 讓產品安全性在顧客之間口耳相傳。

7. 讓顧客可以炫耀這項產品與服務。

8. 讓顧客更有優越感。

放棄才是活路！
請重新調整客群

「請放棄顧客。」

　　這句話是請你抱著必死的決心。放棄顧客？這到底是什麼意思？這樣才能存活下來。因為人類有一種叫做欲望的本能，因此要人們放棄某樣東西是非常困難的。不然為什麼大家想放棄自己的想法，還要去找書看或是需要老師教呢？我們為什麼常常在書籍熱銷排行榜上，看到許多教讀者如何捨棄與放下的書。這都是因為捨棄與放下非常困難。所以，我要提供給你一個關於如何捨棄的小技巧。請馬上拿出「為了提升賣場水準所寫下的項目列表」來看看。請整理列表中的項目，該放棄的放棄、該丟棄的丟棄，才能將顧客變成你的夥伴、你的粉絲。

　　假設我現在經營一家花店，滿懷野心地寫下這個列表。一行兩項，隨機地寫下這些項目。

- 櫥窗大型數位電子看板
- 大型向日葵裝飾
- 自助式茶水區
- 古典樂
- 溼／溫度計
- 制服
- 拍照打卡區
- 水晶燈

- 玫瑰形狀手把
- 左撇子用剪刀
- 鮮花冷藏展示櫃
- 花卉繪畫作品
- 空氣清淨機
- 賣場內的小浮萍池
- 花藝工作坊
- 賣場內洗手檯

　　這是我隨機寫下的16個點子。雖然說是隨機寫的，但是其實寫得這麼仔細應該是希望可以成為韓國數一數二的花店。我在寫的時候，雖然腦中先浮出一般花店，但是卻在無意識中想著要怎麼樣才能把我的賣場變得更不一樣，最後就寫出這樣的列表了。

　　接著我要試著捨棄一些項目，二個項目之中，只要其中一個比另外一個價值低，即使只有低1%也要把它刪除。但不是說我會永遠拋棄它們，我會把這些點子好好保管，等到之後秋天或冬天，要重新布置賣場的時候，會再把它拿出來參考。現在就像舉行一場淘汰賽一樣。

- 櫥窗大型數位電子看板
- 大型向日葵裝飾
- 自助式茶水區
- 古典樂
- 溼／溫度計
- 制服
- 拍照打卡區
- 水晶燈

- 玫瑰形狀手把
- 左撇子用剪刀
- 鮮花冷藏展示櫃
- 花卉繪畫作品
- 空氣清淨機
- 賣場內的小浮萍池
- 花藝工作坊
- 賣場內洗手檯

　　這樣進行二選一，大家知道「理想型世界盃」遊戲吧？二個之中選一個更喜歡的遊戲。這是專家們在幫助大家激發創意的時候很常推薦的方法。我們可以直接套用這個方法，套用在誰身上？套用在我們的顧客身上。我想分享一件事給那些覺得放棄顧客就會完蛋的人聽。

　　我剛開始寫書、教課的時候，想要將600萬名的自營業者及那些未來想創業的人都變成我的粉絲。但是其實這都是貪心，因為讀者、授課對象愈多，我的書或課程專業度就愈下降。我意識到這不是我該走的路，於是開始分類與放棄顧客。排除喜歡談論抽象的願景、目標模糊的人，著重於想馬上增加賣場營業額、需要策略的人及想創造出有內容的東西並持續經營的人。也多虧如此，我才能長時間持續經營學院。

　　拋棄、放棄可以增加專業度，所以請不要再猶豫了。只要能吃下市場的2.5%，就能成為傳說級別。即使只著重

於你想照顧的客群，依舊可以增加市場占有率，或是強化品牌影響力。

營業額 ＝ 客單價 × 來客數

如果想增加銷售額，一個方法是提升客單價，一個方法是增加來客數。但是我請你放棄、拋棄顧客，所以剩下的方法就是提升客單價。請看下面這二張照片：

300元　　　　　　　　330元

這兩碗牛骨湯，你會選哪一碗呢？即使是中樂透中三次的人，也不會選右邊那碗吧。因為無論內容物、外貌、好處、價值都相同，只要看到照片，我們馬上就可以比較。

那麼我們來看看下面這兩張照片吧？

| 300元 | 390元 |

你先把你的選擇放在心中，先聽聽看我常用的訂價策略。

我把原有的熱銷商品放在一邊，並且為了更有付費能力的顧客，研發出一款更精緻的商品。（其實我想直接放棄既有產品，但是我怕如果店裡一下沒了客人，或來消費的客戶會因此壓力大到要看醫生，所以先把既有產品放著不管。）新商品一天只能賣一碗也好，賣二碗也好。這裡要記住的重點是顧客並不會總是執著於低價的商品。

當天營業結束後發現，390元的特別牛骨湯居然賣出十碗。這句話可以從二方面解讀，一種是既有的300元普通牛骨湯顧客被吸引到390元的特別牛骨湯這邊；一種是聽聞餐廳推出高級牛骨湯而來嚐鮮的新顧客。總之，我放棄一部分300元的客群。沒錯，我拋棄他們了。為了誰？為了幫我提升銷售額的顧客及我的家人。因為，假設單日的平均銷售量是200碗……。

300元×200人×310日（週休1日）＝18,600,000元

增加390元的品項後，每天減少10位300元的顧客，並增加10位390元的顧客：

390元	×	10人	×	310日	＝	1,209,000元
＋ 300元	×	190人	×	310日	＝	17,670,000元

18,879,000元

－ 既有銷售額 18,600,000元

279,000元

放棄300元的顧客，銷售額反而增加。如果一天不是10碗而是50碗，那麼年銷售額差異可以達到約140萬。

我並不是建議你為了增加銷售額、客單價，就無條件地提高價格，而是請你提供不同等級的商品，讓顧客可以自由地選擇高價或低價產品。我也不是希望你明天馬上把所有的東西都漲價。如果毫無理由地漲價會發生事情呢，請大家再看一次第一組圖就會理解了。

　　你現在能明白「重組客群以獲得更好收益的訂價策略」是什麼了嗎？我們明知願意多付錢的顧客可以增加我們的銷售額與利益，但是卻很容易忽視這件事。而且如果這些顧客跟你的理念契合，並且比任何人都理解你的辛勞，口耳相傳的速度就會更快，對吧？如果你一直以來都認為要漲價，就需要一次把全品項都漲價，那麼我希望你從今以後可以再靈活一點。其實很少有顧客會因為賣300元牛骨湯的店裡有390元品項，就覺得「這家店太貴了吧，以後不要來了。」從前文提到的公式可以得知，提升銷售額的方法並非只有來客數。所以請你一定要記得還有客單價這個選項，希望你可以馬上提升商品品質，並合理地提升價格。也請你一定要記得捨棄多少，就可以收穫多少。

　　什麼？你想推出600元的牛骨湯？我們今天才剛開始學什麼是價格。如果太貪心，就會什麼都抓不住喔。在顧客不會察覺的情形下，跟我一起神不知鬼不覺地策劃訂價策略吧。

「看法的差異，造就價格的差異。」

PART 2

顧客有多幸福
就會付多少錢
고객은 행복한 만큼 냅니다

創造出即使價格昂貴
也要買的理由

　　我講一個提到等級，大家就馬上會想到的老故事給大家聽。在古代，主要的交通工具是馬車，在平地走時沒問題，但是如果遇到上坡，坐在一般座的乘客要下車幫忙推馬車。坐在二等席的乘客，雖然不用幫忙推，但是因為要減少重量所以要下車用走的。而坐在頭等席的乘客，既不用下車也不用推車，這就是多付錢可以獲得的好處。富有階層接受這種座位分級制，並且願意為了這個好處花錢買票。而其他乘客因為認為比起好處，車票價格還是太貴，所以就忍受著不方便，自願從馬車上下來。

　　就像這種情形，價格的確有標準，也會因為看待的視角不同而有所差異。價格明明是肉眼不可見、抽象的東西，但是我卻覺得它是活生生的生物。會跟我搭話、偶爾也會嘲笑我，或是跟我哭訴。但是這些叫做價格的傢伙們，既能救活一間公司，也能搞垮一間公司。

　　大家很好奇我在說什麼對吧？請跟好囉，接下來路途

險峻。

　　下車推車的乘客，大部分會被車輪濺得滿身塵土。相信大家一定很常在電影裡看到人們把帽子脫下抖掉髒汙的畫面。至少到 1950 年為止，價格跟好處的差異還只是這種程度，但是之後分級就愈來愈嚴格。雖然根據營運時間、機種及匯率變動，機票一年 365 天的價格都不一樣，不過下表是韓國—美國來回機票大概的行情：

頭等艙（12 席）	商務艙（94 席）	經濟艙（301 席）
30 萬元	20 萬元	6 萬元

　　支付昂貴價格購買頭等艙的乘客，不需要排隊、可以在專用櫃檯馬上完成手續，航空公司還會幫忙打包行李。乘客可以享受寬敞的座位與碩大的螢幕、坐在要價超過 500 萬的頭等艙座椅、不受侷限的用餐時間，可以隨時享用最高級紅酒與套餐。食物單價的比例是頭等艙：商務艙：經濟艙＝6：3：1。頭等艙還會提供睡衣、高級枕頭與棉被、裝有知名品牌化妝品的化妝包與紀念品。反之「最低價」的經濟艙，不用我多說大家也知道吧？我偶爾會在講課的時候描述這種情形。

　　「大家知道跟家人一起旅遊、搭飛機時，支付旅費者什麼時候最心痛嗎？就是在經過一上飛機就可以看到的商務艙，那時候腳步會宛如弩箭離絃。常常會邊走邊下定決心『等著瞧，等我以後賺很多錢一定要讓我的家人們都坐商務艙。』下飛機時，腳步則緩慢許多，雖然因為飛行感到疲倦，但是還是打起精神仔細地觀察商務艙可以獲得哪些服務……。」

　　這裡的「哪些服務」其實是指因為機票價格不同而產生不同好處的差異。在購買機票時，如果接受因為這些好處產生的價差就會願意購買；反之，覺得價差太大，就會拒絕購買。還有一個重點是，雖然經濟艙座位數量壓倒性得多，但是航空公司80%以上的營業額是來自頭等艙與商務艙，這就是常見的80／20法則。

　　我們也試著應用這個法則吧，設計提供給高級顧客的特殊優惠。這樣一來是不是就可以吸引他們購買呢？你覺得那些有錢人，只會去五星級餐廳、高級髮廊、信義區百貨公司，不會來我們店裡嗎？這個想法雖然有道理，卻不是100%正確。因為不管在哪個商圈都存在顧客所得差異性，即使是在同一棟大樓工作的上班族，薪水也能差到幾十倍。所以同一個商圈的流動人口，也會有所得差異不一的情況。而且不是說高所得就一定只會買超高價產品，他們會願意果敢地支付昂貴的價格，是因為可以獲得相對應的好處，以及

可以獲得與價格相襯的滿足感。

> 要買的理由（＝方便性）愈多，
> 能賣的價格就愈高；
> 如果不買的理由（＝不方便）愈多，
> 能賣的價格也會跟著降低。

但是這並不代表我們要被顧客牽著走。如果只在乎顧客的感受，可能會失去自己的想法，進而導致想要放棄。我們辛苦地幫產品創造出顧客會想買的理由，這一切並不是為了顧客，而是為他們支付的款項，也就是我可以賺到的價格。

你的品牌也可以成為愛馬仕或香奈兒。但不是只要有鉅額投資就可以成為這種精緻的品牌。要怎麼做才能再次引進那些曾經被我放棄過的客群呢？什麼樣的細節可以讓他們滿意呢？在這個情況下，我有哪些能力可以用來滿足那些顧客的要求？希望你可以仔細地研究過後，想出很多顧客會想買的理由。

請你想想看，千萬片酬的女演員住進我的民宿，或是以美食家聞名的富二代進到我的烤肉店，又或者有被美國大聯盟挖角的職業棒球選手來到我的髮廊。

你現在可以理解我為什麼一直強調頭等艙跟商務艙了

吧。如果想訂出合理的價格，請先設計出付錢的顧客連1%都不會覺得可惜的那種理由或好處，並將它們套用在你的菜單、商品、包裝或服務。不要忘記無論何時何地，都有願意付更多錢的人們正看著你的品牌。

價格也有基因

　　價格並非單純的數字，它是活生生的生物。這些價格活靈活現地生活在你的四周，有時候你會覺得它們瘋了，有時候你會因為它們感到憤怒，但是有時候你也會覺得它們很親民。所以，價格就如同活生生的生物般，也有基因，我把它稱作「價格基因」。

> 基因（gene）：遺傳的基本單位。世界上所有生物皆有基因，基因攜帶並維持生物細胞間必要的資訊，生物透過繁殖將這些資訊遺傳至子代。（資料來源：維基百科）

　　先跟我一樣在高中時期很討厭生物課的人說聲抱歉。但是精讀之後可以發現，只不過多了點像是玩笑的艱深詞彙，內容其實並沒有那麼困難。其實從很久以前，基因就已經跟我們息息相關。我是指在教室外。

　　「你到底是像誰，怎麼這麼不認真讀書？」

「應該是爸爸的基因太強大，簡直是一個模子印的。」

「真是的……到底是誰家的小孩，是不是應該去做一下親子鑑定。」

「DNA檢查結果顯示，犯人就是你啦。」

我們的身體由細胞組成，細胞中有細胞核，細胞核中則有乘載遺傳資訊的染色體，而染色體則由許多DNA組織、纏繞……即使不這樣說明，在日常生活中大家應該都知道什麼是遺傳基因與DNA。

不過，大家應該很好奇我為什麼要創造「價格基因」這個詞？因為我想要提供給大家一個很合理的漲價依據，所以提到基因這個概念。因為有許多人想要漲價，卻不知道從何漲起，因此感到煩惱，我想幫大家解決這個煩惱。這裡雖然用詞比較艱深，但是套用方法卻非常簡單。只要能瞭解價格基因與應用訣竅，你就可以獲得一個強大的武器。而且與競爭者不同，你可以低調地漲價。

沒有比「遺傳基因」更適合用來解釋價格的本質了。理解這個概念後，才能拆解、建立並重組既有的產品與服務。

「如果想要價格中帶有基因，就必須在價格中承載資訊。」

價格基因

就像細胞組成身體一樣，由商品與服務組成、維持及控制。基本元素攜帶各種可持續維持的必要資訊，而且是透過遺傳。

　　我不是要你隨便在價目表上寫資訊。因為要具備不管是誰都可以一眼明瞭的資訊，才有資格被列為遺傳基因。雖然每個地區或商圈都不太一樣，但是在保齡球場、撞球場、網咖、澡堂和健身俱樂部等地方的價格就像是炸醬麵、泡菜鍋的一樣透明。在顧客的腦海中都有既定的價格與組成這些價格的相關資訊，而這些資訊就類似遺傳基因。也因為每個人都同意這些價格，所以只要出現一個有點顯眼、不尋常的價格，人們就會感到慌張。

　　讓我用1500元來舉例吧？你可以用這筆錢買到什麼食物呢？雖然吃不起整條的濟州島烤白帶魚，但是吃起司泡麵卻綽綽有餘。1500元……你腦中浮現的菜單應該跟我差不多。牛排餐、晚餐時段的定食、一瓶智利紅酒……。

　　顧客的大腦比你想像的要簡單。只要提供1500元與食物這兩種線索，他們就會自動連結。只要給一點時間，他們的腦海中就會浮現許多的畫面。如此羅列出的元素就是價格基因所攜帶的資訊。假設他們腦中浮現出的是牛排餐，那麼小餐包、濃湯、沙拉、牛排、點心、咖啡的畫面就會接著出現。就像細胞組成身體一樣，價格基因組成並維持一個產品。為了可以完整呈現該商品，我們的腦袋會馬上蒐集有關該產品價格基因的資訊。為什麼我們可以快速完成這件事呢，都是多虧有過數次的直接或間接經歷取得這些資訊。

　　這些價格從特定的參考項目自然地遺傳而來。從鄉下菜市場遺傳來的價格與從大都市A級商圈遺傳的價格不同。泡菜鍋是200元、旅館是1600元、室內高爾夫是400～600元，因為所得水準與支付意願不同，所以每個商圈的價格基因才會不同。但是，還是有所有地區皆通用的價格基因。

　　「我們那邊泡菜鍋一份只要150元……可能因為這
　　邊是東區，真的貴很多。」

顧客也知道愈是大都市，且愈是中心商圈，商品的價格就愈貴。價格大部分都是遺傳自該地區的顧客，雖然偶爾會出現混亂市場的突變價格。即使價格每年都漲一點，但是只要顧客是同一個世代的人，對於這個價格基因的認知都會差不多。假如明明是類似的商品或服務，卻被要求支付毫無根據的價格，顧客必定會感到驚慌，然後在心中決定要開始搜尋、比價，為了避免再次遭遇這種事，最終這個價格所乘載的資訊就會被更改。如果顧客認為該價格值得，就會正式表達購買意願；反之，價格昂貴，卻沒有任何資訊表示這個價格具有相符的價值，那麼顧客就會拒絕用該價格購買。所以你需要徹底瞭解何謂價格基因。

我的潛在顧客心中的價格基因是多少呢？假設我想賣泡菜鍋，全國平均的價格基因大約是200元。而泡菜鍋的構成要素大概如下：

泡菜鍋＝泡菜＋鍋子＋瓦斯＋肉＋飯＋小菜

增加或升級這種大家都知道的要素，才能促使資訊轉換，進而讓價格基因轉化。如此轉化後的價格基因，才能繼續在顧客的腦中遺傳。

轉化價格基因

　　如果想擺脫價格基因，訂出顧客會願意支付的最高額，那就要大膽地改造基因。

> 銀朱亭泡菜鍋＝泡菜＋鍋子＋瓦斯
> ＋肉＋大碗公飯＋小菜＋生菜

　　因為《週三美食匯》變有名的銀朱亭泡菜鍋不是普通的泡菜鍋，它提供生菜讓客人可以包飯吃。改變構成要素可以獲得什麼樣的效果呢？沒錯，那就是一直以來認為理所當然的泡菜鍋價格基因會因此改變。

　　如此一來我們就可以賣得更貴，雖然你可能會想因為服務更多，所以才能收更多錢啊。但是我想強調的重點是，要能隨意變換價格的構成要素，才能擺脫價格的框架。大放送的時代已經過了。現在這個時代是即使多給，也要附上「讓人不反感的漲價」。

餐廳＝肉＋瓦斯＋烤盤＋沾醬＋飯＋酒

超市＝水果＋肉＋推車＋停車場

旅宿業＝床＋浴室＋衣櫃＋電腦

烘培坊＝麵粉＋糖＋鹽＋奶油＋包裝＋起司

美容美髮店＝剪刀＋椅子＋洗髮精＋剪髮袍＋咖啡

洗衣店＝洗衣機＋洗衣精＋裁縫機＋鈕扣＋線

澡堂＝水＋浴缸＋三溫暖＋肥皂＋洗髮精＋吹風機

KTV＝麥克風＋螢幕＋歌本＋鈴鼓＋冷氣

網咖＝電腦＋椅子＋耳機＋泡麵＋吸菸室

不用想的太困難。如同上文所舉例，只要更改價格中乘載的資訊就可以了。想提高一直以來默默遺傳的價格，就必須升級價格元素。不經過價格基因改造進行的「因應物價上漲，價格只好調漲」將難以存續、踏上倒閉之路。如果想要抑制人類想少付錢的本能，並自由地調漲長久以來流傳的價格，請專心想辦法轉化價格基因。

1. 切開DNA：在DNA序列的特定位置上，使用限制內切酶將雙股螺旋DNA切開。

2. 分離DNA：將切下的雙股螺旋DNA分離。

3. 黏合DNA：利用RNA引子挑選出該DNA片段後，使用DNA聚合酶將其接合在與大腸桿菌相同宿主的DNA上。

4. 利用宿主複製：培養植入新DNA的大腸桿菌，此大

腸菌上的DNA片段也會一起被複製。

5. 培養重組DNA：將具有目標基因的DNA與其他生物
的基因結合，製作出重組DNA。如此一來被移轉的
遺傳物質，也可以在其他物種上表現其遺傳特質。

試著將這讓人頭痛的複雜內容，簡化後應用到價格上
吧。

1. 大膽地將不被消費者認同的要素切掉。
2. 將構成價格的要素一一分離。
3. 用不同組合等結合方法，將各個價格基因與價格基
因結合。
4. 利用宿主（粉絲、VIP會員、點數受惠者）複製。
5. 將DNA連接後，移轉至想要引進的類別中。

只要能應用以上五點，就可以將價格基因完美轉化，
並創造出新的商品、服務，還有價格。因為之前賣的都是與
別人類似的商品，所以只能用他們所主張的價格。所以，首
先請毫不猶豫地將市場上其他競爭者共同的部分切掉，因為
這些沒有必要強調。

接下來是分離，大家已經用拆解構成要素練習過了
吧？接下來是不同類型的結合，意即將不同行業的分子
結合。旅館結合KTV、網咖結合食物、餅乾結合流行服飾

……。透過這種結合，將誕生至今從未看過的新產品。而喜歡這種「創意」的粉絲們，便會到處宣傳這種新產品。

「至今從未嘗過的滋味，這是排骨還是炸雞？」

這是之前某個熱門電影中的臺詞。在電影中為了訂出一種革命性的價格，他們實行了切斷、分離、結合、複製及移轉。轉到哪裡呢？轉到排骨這個類別。把在炸雞這個類別中，不被重視的鹽巴、麵衣、醃蘿蔔、沙拉，切斷後拋棄。（當然，如果能將這些元素用更好的方式呈現，一定可以得到顧客的認可。）接著將組成炸雞的必要分子分離成：雞＋麵衣＋油＋鹽漬等，並將雞與隸屬於另一個類別的排骨醬料結合。就這樣，水原排骨炸雞誕生了。

積極地利用宿主進行複製，就不會被侷限於炸雞這個類別，而是能跨足到排骨類別，並以排骨類別的價格訂價。如果類似的普通炸雞只能賣 500 元，排骨炸雞當然可以賣得更貴。

切開　　分離　　結合　　複製　　移轉

你問為什麼要把事情做的那麼複雜呢？理由非常簡

單。這是為了讓顧客忘記他們心目中的價格基因，然後我們就可以用更貴的價值與格來接待他們，這也是為了避免被拿來跟那些如同雙胞胎的競爭者比較。最後，將會是鼓起勇氣轉化價格基因的先驅者創造出新的市場。

「
新
資訊
創造出
新
價格基因
」

轉化價格基因應用篇

　　經濟不景氣加上新冠疫情，許多健身俱樂部正在面臨經營寒冬。幾年前將健身俱樂部（Health Club）重新定義，生成一個新的類別（Fitness Club）真的是一個很厲害的點子。但問題是太容易複製了，不僅不記得誰是元祖，現在走到哪裡都可以看到 Fitness Club 這個名稱。所以，我們要殺出重圍，找到可以活下去的路。

　　「一年一次的大特價！」
　　「歡慶開幕一周年，入會三個月 3600 元，六個月7000 元！」
　　「會員優惠活動，教練課程一次 800 元起！」
　　「暑假活動，學生 4 折特價。」

　　健身俱樂部、整形外科、運動俱樂部等陷入無止境特價競爭，一年 365 天都有特價活動。每一間都一樣，所以價格基因才會一直崩壞。睡一覺起來，價格就變低。我常常強調一件事，那就是如果價格乘載的資訊與依據和其他競爭者

差不多，最終就只能用價格來拚勝負。但是你不一樣，你可以堂堂正正地收取合理的價格，只要能好好掌握如何轉化價格基因，就可以從激烈競爭的健身俱樂部類別中逃脫，也可以自由自在地決定價格。

切斷、分離、結合、複製、移轉。

那麼，我們現在就開始施行價格基因轉化手術，將顧客感受不到太多價值的共同元素切斷，像是健身器材、淋浴設施、熱水器、運動鞋和毛巾等，統統切斷。當然，以消除顧客不滿的角度來看，這些東西真的很重要，但如果這些東西是大家都有提供的，那就移掉吧。我不是叫大家不要提供服務，我想強調的是沒有必要努力彰顯這部分。因為無論你怎麼大喊，最終都只會跟著競爭者一起被埋沒。

接下來，是分離健身俱樂部價格的構成要素。裝潢＋教練＋沐浴＋按摩機……。但是，不是分離完就結束喔，重點是要想出，我的品牌可以和哪些不同類型的東西結合，如此一來才能創造出新奇的東西。而價格就是由此決定的。在這邊要注意的是結合後創造出的趣味要能被顧客預測，而且不能跟他們預測的東西差太多。因為顧客覺得是好處的要素才具有價值。我以沙拉舉例，你問為什麼偏偏是沙拉？因為它的價格基因非常好。普通沙拉價格是140～170元，非常適合與月費1400～1700元的健身俱樂部結合。

在女性開始運動前，或是男性運動後提供一盒沙拉。會員們本來就很餓，而這份沙拉就像是綠洲。再加上如果它是教練親自設計的菜單，那顧客對它的信賴感你覺得會有多高呢？但是如果止於這一步，它可能會被認為是單純的服務。所以我們需要想得更深入，將健身俱樂部的價格基因再重組。而重組的成果就是結合健身俱樂部跟沙拉吧的「健身吧」。

「至今從未有過的服務（雖然在國外有少許事例），這裡是健身俱樂部還是沙拉吧？」

每個月提供每人 20 盒沙拉，顧客為了拿沙拉就得要去健身俱樂部，創造出讓顧客急著每天每天都想去的空間與文化。非會員可以透過店中店（shop-in-shop）購買，或是從外送平臺訂購。如此一來多虧迅速擴散的口碑（這種型態的基因轉化，真的很快就能口耳相傳），就會多了一些跟風的人，但是想要知道訣竅或是想要加盟的人也會隨之而來，新的東西總是很吸引人。能讓氣勢延續最重要的因素就是策略，而最強的武器就是價格與資訊。

專業健身教練 特製的健身沙拉	vs	新鮮的沙拉
200元		140元

　　構成價格基因的資訊中，誰能做得最好。如果有權威跟認知度可以支撐，就可以跟市場中一般的沙拉產生明顯區隔，因為任誰來看都可以明顯知道食用後的效果。大家有聽說過安慰劑效應吧？昂貴的藥更有效，昂貴的紅酒更好喝⋯⋯更重要的是，藉由轉化價格基因，基礎變得更加穩固。好的，現在已經用各式各樣的好感與資訊，填滿了我的健身房與品牌。接下來當然就是要改變價格，對嗎？

「歡慶開幕一周年，入會三個月 3600 元，
六個月 7000 元！」
↓
「包含60份沙拉，三個月 6000 元！」

　　顧客會開始在腦中做簡單的計算，反正沙拉也有它的價格基因。

　　「嗯，健身俱樂部三個月 3600 元，一個沙拉算 140 元好了，60 個的話 8400 元⋯⋯喔，這家條件不錯喔！」

　　當然，成本會變高，但是如果想在零和賽局中生存，就必須有一點投資。重要的是要快點推廣，即使只有一個人也好，要讓顧客快點體驗到你的新產品與服務。不要再因為訂價感到痛苦，現在就進行價格基因轉化手術吧，然後比競爭者賣得更高價。

開心的價格不會預告

　　大家應該被嚇傻了吧？聽到我說價格是活著的生物，價格是有基因的人格論。我在準備這本書的期間，跟價格交談過很多次。既然我主張價格是生物、具有人格，就需要證明，所以我就問它很多問題。

　　「價格，你們也會老嗎？」
　　「當然囉，我們老得很快。但奇怪的是，顧客們
　　偏偏喜歡年紀大的價格。」

　　所以才會有這樣的形容嗎？流傳已久的價格，也就是「跟以前的價格一樣」，只要這麼說顧客們就會蜂擁而至。但是這並非單純只是因為價格便宜，就像在經濟不景氣時，流行復古一樣，可以用價格回想到那個時代。這樣一說價格真的很厲害，因為它可以挑動人類的潛意識，招喚出回憶。但是偶爾會有不小心套用以前的價格，卻反而丟臉的情形。以前的價格，就得幫它套上以前的衣服，這樣才對味啊。《請回答1997》這類電視劇大紅之後，常常有品牌會藉著電

視劇的人氣，推出相關商品或是用當時的價格做活動，特別是連鎖品牌常常做這種活動。

「用20年前的價格賣給你。」

如果幫價格穿上正確的外衣，價格會更漂亮。如果可以找到當時用的字型，更能錦上添花。人們接受看得見的資訊，所以如果想強調是80年代的價格，就得將東西布置得能讓人聯想到80年代；如果想強調是90年代的價格，也要將視覺設計得讓人能想起90年代。但是，也有許多價格在變老之前就生病了，症狀有很多種，但是我最先想到的是日常生活中常見的「瘋狂」價格。我們常常會說價格瘋了，或是在大眾媒體上看到各種瘋掉的價格。當我們看到價格快速、大幅度上升，就會這麼說：

> 「天啊，買一戶公寓大廈的房子要1.7億？最近公寓大廈的房價真的是太瘋了。」

相反地，如果折扣的力度超越一般的認知，也會被稱為瘋掉的價格。

> 「瘋狂特價！連續四天，最高折扣下殺0.1折。」

同樣，也會有讓顧客感到非常幸福的價格。

「100元的幸福。」

100元可以為顧客帶來無法超越的幸福感，因為「100元的幸福」這句話是有畫面的，只要一聽到，腦中就會自動浮現100元的紙幣與人們幸福的表情重疊在一起的樣子。也因為這個方法可以讓顧客同時將幸福感與100元聯想在一起，所以這種幸福的價格非常好用。相反地，也有很多讓消費者感到憤怒的價格。

「租賃陽傘3000元。」

難得去一次避暑勝地卻看到令人生氣的價格。這個價格讓每個人都憤怒。那我們再看看其他價格吧？也有讓人不停流淚、令人傷心的價格。

「流淚大拍賣的價格。」

經濟愈不景氣，就愈常看見這傢伙。飛機不可能空機飛，所以會盡力銷售，能賣出一個位置是一個。這時候我們就會這樣說，當原價無法吸引到乘客，即使是沒有需求的供給，也要努力挖出需求。此時這傢伙就會被派上場，它就是含淚價。含淚價會讓賣家哭泣，因為這種情況下的交易，是「勉為其難」地賣掉。

最後是一個令人非常開心的價格。

「炸醬麵一碗10元，只有今天！」
「免收3000元入會費，只限這一週！」

開心的價格要在毫無預告的情況下登場，它的效果就
跟驚喜禮物一樣。無法預測、忽然出現的價格，會讓消費者
合不攏嘴。我跟你說過吧？讓人驚訝的快樂就等同於趣味。
如果想用價錢讓顧客感到有趣，並且分泌多巴胺，那麼就需
要突擊作戰。居然可以用價錢讓要掏出錢來的顧客開心，你
不覺得很神奇嗎？所以，從現在開始要跟你說明，價格的食
衣住行、生老病死和喜怒哀樂。

「二年前漲價的時候，我其實沒有太在意價格這
件事。想說反正價格不就是那樣嗎……但我從未
想過價格其實一直都在跟顧客搭話。」

我一定要跟你說這件事情，你所面對的價格絕對不是
冷冰冰的事物，而是活生生的顧客。所以價格也要有活力，
也要營造出好氣氛。讓顧客光是看到價格就感到開心，這樣
他們才會再次上門。如果價格只是個冷冰冰的標價，就無法
引起顧客的興趣。

這個名叫價格的傢伙，它不僅是活生生的生物，還能

讓顧客感到開心、傷心、痛苦或興奮。如果想要創造出和其他人不同的品牌、商品，那麼請每天至少要警惕自己一次：我的價格，它也會老，也有可能生病。只要能改變顧客看待價格的視角，我們就有辦法干涉顧客的購買行為。

原以為價格只不過是數字，沒想到它居然可以做到這些事情，是不是光想像就很興奮？既然這樣，何不讓我們訂出能讓顧客感到開心、愉快、有趣的可愛價格吧。如果你訂出的價格無論是大小、字體、顏色，甚至連它乘載的內容都是競爭者比不上的，那麼將會有不同水準的顧客到訪你的店。如果上門的顧客能看出你的縝密努力，你的想法才有辦法完整地傳達給他們。請超前預知顧客的想法，他們想要哪一種價格，而且願意爽快的付錢。話又說回來，價格居然可以讓你如此懊惱，它真的是一種奧妙的生物。

要掌握價格，才有辦法掌握顧客。

用價格說話

　　如果價格只能滿足一、二個人是沒有用的，你的價格必須能衝擊到最多的顧客。但是這個目的並不是讓顧客感到痛苦，還是讓他們甘願被打才行。讓他們會有這樣的想法：「啊哈，你看看這傢伙出拳的力道，讓人印象深刻……。」讓許多人可以體驗到幸福的價格，並藉此激起他們的幸福感。雖然讓一個人獲得最大的幸福感很重要，但是我們更需要重視「顧客幸福指數」（gross customer happiness），在這裡我將最多人感受到的幸福總和定義為「顧客幸福指數」。

1. 年薪 3000 萬的大企業管理階層
2. 日營業額 15 萬的自營業老闆
3. 起薪 4 萬的職場新鮮人
4. 如果努力存款，一年可以存 30 萬的中小企業主管
5. 待業者
6. 兼顧學業與打工的大學生

　　希望不管是哪一個行業或工作型態，你的價格都可以讓這些人感到幸福。想達成這件事需要注意的第一件事情是，面對各式各樣的顧客，我們不能只提供單一的價格。希望你可以盡快拋開，只要將價格調低，就可以取悅這些顧客的想法。請馬上丟掉「只有便宜才能降低門檻，藉此容易吸引顧客」的荒誕決策。你知道你們因為之前為自己設下的「價格路障」，已經放棄多少利益了嗎？有錢一點的顧客們，他們想獲得的是和價格相應的服務啊。只要能達到這個目標，他們當然會毫不猶豫地付錢。可惜的是，你之前無法領悟到這一點。

　　我用日常生活中常見的「大、中、小」來舉例。一般來說，大份是4～5人份，中份是3～4人份，小份是2～3人份。現在讓我們改變一下立基點：

　　　上　**上層的有錢顧客的選擇**

　　　中　**中產階級的選擇**

　　　下　**一般大眾最喜歡的選擇**

　　不是那種任誰都可以輕易購買的標準，而是要讓每一個顧客，可以依照自己的經濟水準與喜好支付不同的價格，如此一來才能讓多數的顧客感到幸福。如果只用分量做區別，能獲得的好處就只有分量而已。那麼重質不重量的顧客，就沒有理由一定要選擇這個品牌，因為很平淡、很無

聊、一點魅力都沒有。你說這是對顧客差別待遇嗎？是的，這是差別待遇。但我們會盡力接待購買「下」的顧客，同時用更縝密、高級的方式接待購買中與上的顧客。用更專注、挑剔地注重細節，讓他們不會感到不值得。

如果覺得分成上、中、下，會應付不過來，那麼用超特級、高級跟標準之類的等第分級也可以。其實用語不是重點，「自己」的想法才重要。需要將自己創造出的格、品質和等級分出上下來接待顧客，才有辦法提升顧客幸福指數。如果用平凡、樸素的方式接待那些有能力付款的顧客，他們不會成為回頭客。「要我多付50元還是100元都沒關係，可不可以給我有品味一點的東西。」類似這樣的需求，滿街都是。也就是說，如果你從事旅宿業，以後沒有必要只用房間大小來訂價。

ROOM 1＝床＋電腦＋電視＋淋浴間
ROOM 2＝床＋電腦＋電視＋淋浴間＋防潮衣櫃
ROOM 3＝床＋電腦＋電視＋淋浴間＋防潮衣櫃＋按摩浴缸
ROOM 4＝床＋電腦＋電視＋淋浴間＋防潮衣櫃＋按摩浴缸
　　　　＋自助式早餐

好處優惠愈多價格就愈高，只寫出這樣就已經是一份非常親切的價目表。但是如果提供這張價目表給顧客，就不

能只有水平性的好處，而是要增加垂直性的好處，這樣才能提升顧客幸福指數。我們迫切需要的是增加品質，而非單純地增加數量。

為了服務像你這樣的顧客，我們準備了這些東西：

> 高級吹風機＋飲料專用冰箱＋大理石地暖＋抗 UV 液晶螢幕
> ＋雙螢幕電腦＋隔音天花板＋環保原木地板＋鵝絨枕頭＋
> 100％ 純棉棉被＋護眼檯燈＋氧氣製造機＋BOSE 音響

我們先訂出最高價格，提供給那些想要這種級別的潛在顧客，如果顧客無法支付，那就提供他們水準與品質相對較低的方案。你問如果這樣丟失了那些付費能力較低的顧客該怎麼辦？我倒是想反問你，願意多付一點錢的顧客，即使只有一位也好，是不是對你比較有利呢？應該有許多顧客贊同你的想法，並愛上產品與服務。你為什麼不聽他們的意見，真的無法理解你為什麼只想著怎麼樣才能賺到最低價。請理直氣壯地多收一點錢，努力想出這些顧客會滿意哪些服務，請跨越那條競爭者們怎麼樣都跨越不了的線。希望你可以邊做好生意，邊聽盡顧客的讚美之詞。

我有時候會這麼想，難道不是因為老闆不想做而是他的能力不夠，才總是推出最低價、一般的東西？所以才會單

純地用增量來加價嗎？如果真的是這樣，那麼請快點拋開想多收錢的期望。因為要能達到高水準，才能收取高價，這就是資本主義市場。但是如果不是這種情況，而是有充分的能力，卻因為不知道方法所以才做不到，那麼請馬上拿出筆記本寫下來。

> 「有更高付費能力的顧客來到我的賣場，他們希望獲得哪些好處跟幸福感呢？」

偶爾也會有這種顧客，

> 「不是啊，你們是憑什麼，居然比另一家店貴20%？」

那麼請推薦這種顧客剛剛好符合他水準的產品與服務。相反地，如果有顧客願意支付多20%的金額，那麼請用最高水準的服務接待他。提供銀湯匙，代替不銹鋼湯匙；提供在最裡面、最隱私、不會被妨礙的跑步機；提供不會有樓層間噪音的最頂樓房間；如果是髮廊，請提供絲綢剪髮袍與羊毛拖鞋。要讓他們深深地記住，這家店會充分提供與支付金額相應的服務。這是一家可以獲得最高品質的店；無論何時都想要推薦給朋友去的店；需要舉辦特別活動的時候，一定會去的店。就這樣，你的店就自然而然地產生「用途」。

你說忙都快忙死了，哪裡有時間管這些？這樣會被抗議差別對待顧客？因為只能自己顧店，所以只想要提供平均值的服務？如果是這樣的話，無論是一年還是十年，你的店不會有任何改變也無法再進步。如果想要發展得更好，就必須踏過那條競爭者們都知道的常識之線，要做到懷疑自己是不是太超過的程度，那些還在猶豫的顧客才會找上門。

　　你知道為什麼「錢多的有錢人」不會每天都來你的店裡嗎？因為你的店沒有他們想要獲得的好處。他們又不是社會主義或共產主義，但所有人都只推出類似的價格，然後只給出那與價格相應的一點點好處。相較於前者，他們當然會想去能多付50或100％的價格，但享有多一些的服務和待遇的地方。誰會想要跟自己年所得差100倍的顧客享有一樣的服務呢？所以，請差別對待顧客。在價格、設備、待遇都做出差異化，讓總銷售額的80％由你店裡消費能力前20％的顧客負擔。

　　「準女婿想來打招呼。」
　　「我跟孩子的老師約吃晚餐。」
　　「今天是很照顧我的前輩的生日。」
　　「我想送禮物給讓我賺大錢的房仲。」

　　難道在以上這些情況，也會去那些只用數量來區分價格差異的店嗎？當然不可能。所以說既然如此，請打造出能

提高對方幸福指數的品牌，你絕對有這種能力。請不要忘記，顧客愈想得到就會付愈多錢。因為他們認為想要的愈多，當然就要付愈多錢。如果只強調一些看不到的價值，就無法要求顧客支付更高的價格。要讓他們看得到、摸得到、感受到幸福，才能要求更高的價格。

你的身價值多少錢呢？

　　我有一堂課叫做「老闆的戰略」，就像不知不覺就成為大人，為了那些不知不覺成為老闆卻不知道該如何是好的人們，這堂課是他們的導航。經營？管理？宣傳？合作？以上這些事情，連一個都沒辦法徹底實行的老闆們很需要來上這堂課，因為我會具體地教他們該做什麼事。你知道詢問600位自營業者「創業最難的地方是什麼？」他們怎麼回答嗎？用人？租金？商品？錯！正確答案是孤單。孤單是最難受的，自己一個人計畫所有的事情，自己一個人分析，自己一個人做決策，責任當然也是自己扛，這樣下來當然會覺得孤單。請這些人為自己打分數，認為自己是滿分幾分的老闆，他們一下子就露出難過的表情。

　　但是訂價這件事情，跟老闆的自信心有很大的關係，也跟差異化有很大的關係。

　　「嗯……我應該有80分？」

「唉呀，我65分吧。」

　　我會盯著這樣回答的老闆們，然後說「80分？65分？但是您跟100分社長收一樣的金額？有沒有良心啊。顧客們只要一看就知道這個老闆幾分了。」

　　老闆們聽我這麼一說，通常都會心虛。現在請問問自己，我是幾分呢？我相信沒有幾個人能回答自己是100分。如同顧客知道老闆哪裡不足，老闆也知道自己在哪一方面不足。創意？毅力？人際關係？領導力？經營能力？明明知道自己能力不足，卻還是收取跟其他人一樣的價格，這就是為什麼顧客們會看了你提出的價格後感到困惑。

　　你問那應該怎麼做嗎？非常簡單。70分的老闆，就收70分的價格；90分的老闆，就收90分的價格。這裡有二碗拌麵，外觀看起來差不多，價格也都是200元。如果你問消費者他們會選哪一碗，「看起來差不多啊……」、「不知道哪裡不一樣……」但是如果跟他們說，左邊是國外留學回來的有名廚師煮的，右邊只是普通麵店老闆煮的。十位有九位會選擇有名廚師煮的拌麵。你說為什麼要在這種大家生意都不好做的年代，說出這種讓人喪氣的話？

「不足就要補足，填滿了才會被選擇。」

　　當價格的構成要素都差不多，顧客就需要特別的標準來做決斷。例如：有獲獎經歷、匠人傳授的祕訣、真的用盡心力研究出的成果等，要有一項特別顯眼的特色才可能會被選擇。但是大部分的人，比起充實「自己」，每天都將精力放在口味、衛生、努力、技術、美觀、感覺⋯⋯這些瑣碎的項目上。「只要努力的話，某一天應該可以被大家知道吧？」、「只要努力，大家就會認可我的。」這些事情只會發生在少數人身上，我想問問你：

　　「你認為自己要有多少年薪才算合理呢？」

　　「只要賺錢就是我的啊，哪裡還算年薪啊？」你會突然冒出這種想法。但是要計算年薪，才能將它反映到價格上。一般來說在獵頭公司，要能將銷售額增長到想要獲得的年薪五倍以上。如果你的店面或是品牌的經理說：「老闆，我想要 3000 萬年薪。」請按按計算機，那位員工可以將銷售額提升至 1 億 5000 萬嗎？我曾經跟常光顧的日本料理店師傅聊過。

　　「能在這種有『吧檯』的中高價日本料理店捏壽
　　司，年薪大概有 120 萬吧？」

　　因為店裡沒有其他桌子，總共只有吧檯的 12 個座位，我預設員工除了二位壽司師傅，應該還有二位。我是依照所觀察到的資訊得出這些結果。

「您怎麼知道呢？您也是做日本料理的嗎？」

即使不知道該產業的標準，大概看一下店裡的狀況也可以計算出來。好的，讓我們一項一項來看吧？這裡是一間日式料理店お任せ（Omakase）。

總共12個座位，午餐一次翻桌率、晚餐二次翻桌率：12×3＝36位
平均客單價為2000元，
一週休一天，年營業日總共為310天，
年總銷售額為2300萬元，
員工共4位，
那麼每位員工各需要達到近600萬元的營業額，
假設每個人要負責拉高的年總銷售額是自己年薪的五倍，那麼每人的年薪約為120萬元。

別再強詞奪理要收取業界平均金額，現在已經不再管用。員工和老闆到底是幾分，他們又值多少錢，這些都需要準確的計算。如果不夠的話，就要補足。但是大概有80%的自營業者，不知道自己投資多少、要賺多少。如果投資2000萬，要賺多少？如果投資6000萬，要賺多少？這樣具體訂出銷售目標，才能計算出薪水與價格*。如果不能分析

*設定目標銷售額的相關說明，已於作者先前著作《做生意靠策略》一書中詳述。

出投資報酬率，就只能看顧客與競爭者的臉色，最後收取類似的價格。「因為我是老闆，所以有剩都是我的。」請拋開這種荒謬的想法，請馬上預估年薪，然後訂出目標銷售額。再想想為了達成這個目標，一年365天具體要付出多少努力，這才是老闆的任務。

成本 → 價格 → 銷售額 → 利潤

為了讓這個循環可以順利進行並將利益最大化，老闆的身價非常重要。想將價格訂的高一點嗎？第一件事情請先看看自己的想法、經營能力和組織管理能力，有沒有辦法將銷售額拉到自己身價的五倍。

「我想把價格訂高一點……」如果能力追不上想法，這時候就要仔細思考，要如何提升自己與品牌的分數還有如何提高價格。因為你連自己的身價是多少都不知道，就想要收跟別人差不多的價格，也因為如此，你提出的價格，才不被消費者接受。我誠懇地拜託你，先計算自己的年薪、想想員工的身價，最後再去動價格。

對於價格，我們都錯得太·離·譜。

想一想！

　　老闆的人事成本一定要反映到價格上，一直以來許多老闆都將自己的人事成本當成固定成本。但是我的想法不太一樣，大家通常都用設備、材料、成本、外觀、服務、分量和時間等項目來計算成本，卻很少算入最重要的「自己的創作費」。請另外訂出自己的身價，而不是跟營業利潤混為一談。如果認為自己的年薪「大概要200萬吧」，那麼計算完自己的商店的平均售價與銷售量後，把年薪反映到價格上。

　　因為不管再怎麼計算成本，你絕對找不到可以漲價的理由。最終，只會讓你一輩子拿著計算機生活而已。你知道這樣會導致什麼後果嗎？人會變得吝嗇，然後再也想不出可以滿足有更高消費能力的顧客感到滿意的點子。

　　在這裡，我介紹一種如果只用一般的方式計算成本，絕對無法想出來的訂價策略。用這種完全相反的思考方式，訂好我的身價，然後在不會造成別人傷害的情況下，創造出符合該身價的價值。

　　以下我用之前幫忙過的店面舉例：

　　假設日均來客數為200人、客單價300元、年營業310天，則年總訂單數6萬2000筆。若老闆的年薪為200萬元，則200萬／62000筆＝約32元。

　　如果想成為100分的老闆，就要想出可以將客單價300＋32元＝332元的點子，並說服消費者接受這個價格。不停地與顧客溝通，讓他們知道如果跟我做交易不會吃虧，不管他們要拿我去跟誰比較。如果想將價格訂得比平均售價高11%，那麼就要比其他的店，多提供至少11%的價值給顧客。所以我將這家店從招牌到廁所全都重新打造一番，目的就是為了把每一項的價值都增加1%。只要一次就好，請試試看。只要試過一次，就可以用一輩子，你現在馬上要做的、最重要的事情，就是創造出價格。

用 10 元獲得
勞力士手錶的方法

　　這標題有點煽動對吧？我故意選了勞力士（Rolex）。最低價、最高價、夢想中的價格，學完這些東西之後，最大的煩惱是該怎麼應用。會開始想說是不是白漲價反而失去顧客，內心也因此感覺焦躁。我在課堂中也強調過，目標明確才有辦法建立執行計畫。「學習應用訂價策略，就可以增加收益與收益率。」如果只是這樣告訴學生就太弱了，要讓學生看見，將努力學習後的理論實際應用之後，所獲得的好處會讓人感到多麼幸福快樂。這樣他們才能理解並產生實際應用的勇氣。所以我準備用日均來客數 100 位，客單價約 400 元，一年可以獲得二支勞力士手錶或二個愛馬仕（Hermès）包包的訂價策略。現在，我就來教大家怎麼做。

　　「還記得第一次訂價的時候嗎？是用什麼標準訂出現在這個價格？」

　　如果問老闆們這個問題，他們的回答大概可以分成以下三種：

第一種：因為競爭者也都是這個價格。

　　第二種：計算成本後，再加上利潤得出來的。

　　第三種：想說應該賣這個價格。

　　當然還有其他回答，但是這三種比例最高。我能理解，因為不會有人會邊想著我之後會倒店啦，然後邊訂價，通常都會認為這個價格是相對合理且有良心的。但是這個回答卻漏了一個最重要的重點，那就是回收本金。「只要努力，馬上就可以回本啦！」這種話非常荒唐。要賺多少錢、要賣多久，根據計算方式出來的結論會不一樣。雖然有些產品可以一上市就受到廠商與消費者的關注得以熱銷，但是其實這種時候也是一樣，雖然賣愈多可以賺愈多，但是很難精準計算多久可以回收投資本金。

「回收本金取決於價格制定。」

　　你一定會想說，這到底是什麼意思。意思就是說，價格一定要加上折舊費用。在字典中的定義如下：

> 折舊：企業使用的器物或設備等，每年都會耗損，這種價值減少的過程稱為折舊。企業會將折舊累積在產品或服務的成本中，這些累積金額則為未來汰換老舊設備時所用的資金。折舊費用是為了在生產產品與服務的過程中，將器物、設備老舊折損的價值納入產品的生產成本所計算的費用。（資料來源：Naver知識百科）

　　在過去27年訪問全國各地的自營業者，很少有人認真地考慮折舊費用，並將它反映到成本或價格。因此我想鄭重地強調，請計算折舊費用，並反映到價格上。簡單來說就是計算出「在我投資的金額裡，會因為時間流逝而失去價值的費用」，並預先將它納入價格中。也就是說「我投資費用提供顧客服務，之前都沒有將這些費用反映到價格上，從現在開始要算到這些部分。」損失最小化，利潤最大化。這不是商業的基本嗎？

總投資金額	700萬
權利金	300萬
保證金	100萬
設備投資	300萬
客單價	420元

　　現在要開始具體地想想看該如何回收所投入的資金，假設權利金300萬與保證金100萬是可以回收的。而器物或設備每年都會老舊，所以先決定它的耗損率，再來計畫收取合理的價格。很好奇要怎麼算吧？從現在開始跟上吧。

$$\frac{年總營業額}{總投資金額} = 2、3、4、5、6、8……$$

　　這是我在前著超簡單投資報酬率分析《做生意靠策略》中公開過的內容。這個公式有幾項優點，其中最棒的是可以訂出每天的營業計畫以及當你想要創立副品牌時，可以大幅減少投資金。

　　總投資金額是300萬，如果年總營業額是600萬，我會建議你馬上收掉它。如果總營業額是900萬，還有辦法吃飯過日子，但是當等到要繳稅金時，就得找銀行幫忙。如果總營業額可以達到1200萬，那麼放假就可以帶家人出國玩，也可以把車子升級。當總營業額到達1800萬，我會建議你開直營店。有自信讓總營業額達到2400萬的人，我會稱讚他們已經可以開連鎖店了。

　　好的，今天的主角是想要開直營店的老闆。投資報酬率指數為6，日營業額目標如下：

總投資金額700萬×指數6＝年總營業額4200萬元

如果週休一日，年營業日＝310天

則日營業額的目標金額＝135,484元

如果想用客單價420元的商品，達成13萬5484元的日營業額，一天來客數要322人。如果顧客不來，就要想辦法讓他們來。如果他們不知道自己需要我們在賣的產品，就要想辦法讓他們知道。要想著在三年內回收本金，然後努力向前跑。

每天322人×930天（310天×3年）＝299,460人

如果將投資金300萬元除以即將來到我的賣場的299,460人，會得到

約10元

把消極地、看別人臉色所訂下來的現在售價加上10元後，價格變成430元，我們現在來看看會有多大的差別。

日來客數 322 人次 年來客數 99820 人次	420元	vs	430元
年總營業額	41,924,400元		42,922,600元
			-41,924,400元
			998,200元

　　如果是企業，會計師們沒有將應該要計算的折舊算進價格中，那麼他們每年就少賺將近100萬的大筆款項。你問我如果因為這10元而流失顧客怎麼辦嗎？先買完二支勞力士，再來想這個問題。以後，你會每天考慮該怎麼漲價，陷入這種甜蜜的煩惱中。

　　所以請從明天開始，理直氣壯地漲價到430元。但是，不要在原本的價位表上用麥克筆塗寫或用紙貼，請重新印一份價位表。因為，不能讓顧客發現啊。

為什麼做不到
讓人沒有異議的漲價？

「什麼？一個蛋糕居然要5500元？」

在清州市有一間蛋糕店，名列韓國前五大精品蛋糕店，它叫「加托朱尼」（가토주니）。全世界有點名氣的蛋糕店，我幾乎都吃過，但是這間店超乎我的想像。大部分的人聽到它的價格都會嚇一跳，還不是在首爾江南，居然在忠清北道清洲市賣這種價格，老闆的膽量絕不一般。聽說這對年輕夫妻賺了不少錢。

「但還是會有人買。」

加托朱尼要價 5500 元的蛋糕。

　　即使有地理位置限制，想買這個蛋糕的人，依舊會去到店裡，而且願意支付這不一般的價格，不會被價格限制住。很神奇的是顧客已經準備好支付昂貴的價格，但關鍵往往是店家還沒準備好。店家應該比任何人都瞭解自己產品與服務的品質。但不知道為什麼我們光是聽到價格的「價」字都會沒自信，我收這個價格可以嗎？競爭者們會覺得如何呢？顧客們會滿意嗎？沒有辦法再多收一點嗎？雖然虎視眈眈地想漲價，但是卻會忽然變得沒有自信。

　　「如果因為漲價，導致顧客不來怎麼辦？」

　　想到這裡，頭腦馬上變得一片空白，因為心裡很清楚「雖然賺得更多很重要，但是守住我的事業更重要。」但其實只要稍微看看腦中在想什麼，就可以發現很有趣的結果。這是人類的特徵，最一開始聽到的數字，會對之後聽到的數字造成影響。如果第一次聽到的數字很大，腦海中的數字也會變大；反之，聽到小數字也會有不同影響。

　　所以說「我們要漲價10％」，明明也不是問全體顧客的意願，老闆們卻毫無根據地就認為「顧客也會減少10％」。老闆中十位有九位堅信只要漲價10％，最少會流失10％的顧客。雖然有些人是根據自己的經驗，認為顧客會減少，但其實這是因為不知道漲價的原則，所以才會產生這種錯誤想法。

　　在這邊值得我們注意的是，大家比起漲價所增加的利益，更在意顧客減少而損失的金額。反正機率一半一半，比起增加的更在意減少的。明明也沒有人這樣教過我們，但是這其實是有原因的，人類真的很討厭損失，也就是很討厭別人把我擁有的東西搶走。金錢、時間、工作、愛情……當我擁有的「我的東西」不見時，需要用比原本更好的東西來滿足。所以人們才會比起因為漲價所獲得的利益，更在乎「不知道會不會消失」的顧客與利益。但其實，結果會跟你想的非常不同，讓我來舉個例子吧。

現在賣的產品客單價是200元。

想將月營業額提高300萬，

為了達到這個目標，每個月需要有1萬4285人來店。

如果營業日為25天，每天平均來客數為571人次。

如果漲價10%（單純只漲價），售價將會變成220元

如果煩惱原本應該要來的1萬4285名顧客，會流失10%。

14,285名－1,428名＝12,857名，

因為價格漲到220元，

220元 × 12,857名＝2,828,540元

　　營業額將會減少17萬1460元，如果這樣計算，會只專注於消失的部分，但是仔細看看，事實並非如此。雖然損失了10%的顧客，但是營業額只有減少1%，單看成本就可以知道答案了。如果還是不安心的話，那就繼續看下去吧。

　　漲價是需要魔法的，「因應通貨膨脹，價格只好調漲」，如果擺出這種原因，顧客很容易就認為你是明擺著想賺錢的生意人。為了滿足這些人看不見的需求，可以從碗盤、器具、裝飾等東西開始做變化，例如把外觀或使用方法升級。因為顧客需要一些線索，才會忘記以前的價格。反正都要漲價，我們不是要一昧地從顧客那搶東西過來，而是請你向顧客提案說「我們用這樣的方式，將我們產品與服務升級了，請諒解。」

　　某一天，有位顧客打開賣場大門進到店裡挑選商品，然後這樣說：

　　「啊，漲價了……」

　　只要不是太巨幅的漲價，顧客通常都會咬著牙買下。但是如果拿到的商品跟漲價前是相同的，這時候不管理由是因為物價上漲，還是這樣那樣，顧客都會感到被背叛。為什麼？顧客腦中帶著之前交易過的契約條件來到店裡，但是交換價值卻忽然被更動。相同的產品卻要多付幾十元或幾百元，當然會感到不開心。但是如果碗盤、外觀、服務有所改變，顧客多少可以接受一點。明明知道還是願意被騙，或者真心同意它的價值。

　　我們假設想法相反的消費者各一半，所以假設當漲價10%時，因為與先前不同的條件與好處，而流失的顧客大概5%。

　　若售價調漲10%為220元，
　　之前用200元價格交易過的總顧客數為1萬4285位，
　　其中流失5%也就是714位，
　　220元×1,3571位＝2,985,620元
　　每個月營業額大概可以增加12萬。
　　假設單純計算之下，稅後淨利率是20%。

售價200元，月營業額285萬元→57萬

售價220元，月營業額298萬5620元→60萬（當流失5%的顧客）

由此可知，營業額與利潤皆約上升4.5％。為了簡化計算所以沒有算入，因為流失的顧客而節約的原料成本和人工成本等。反正結果是少工作，卻能多賺錢。

漲價不可以隨便，因為別人漲價，我也跟著漲。這樣只是失去訂價的主導權而已。因為漲價，你預計會損失多少％的顧客呢？10%？8%？4%？

請試著列表看看，並請保持自信。請你相信自己，也請一定要記住如果價格上漲，提供給顧客的東西也需要跟著改變。

從今天開始，你的漲價都是有理由的。

價格是場心理戰

「你的產品與服務一定免不了被比較的命運。一連串比較下來，最後一定是比價格。所以有一件事情想拜託你，請創造出無法比較的武器。『嗯？第一次看到這個產品，這個東西真新穎……』要能聽到這類的評價，才不會被比較。人類討厭的事情第四名就是被比較，但是我們卻一年365天不停地被比較。如果顧客認為我們的產品跟既有的商品不一樣，愈不一樣就能成為愈強力的武器，然後價格也可以訂得愈高。」

汝矣島某間排骨湯店老闆陷入了煩惱。肉也換了，熬湯的純水也換了，制服也改了，也引進了員工教育系統，但是顧客卻一點一滴地減少。一開始以為是因為經濟不景氣，但是卻從常客那裡聽到一件令他感到驚訝的事情。

「老闆，你們要不要加新菜色啊？最近小吃店也都會賣排骨湯，而且味道也都差不多……。」

　　雖然傷到自尊心，但是因為是常客的意見，所以沒辦法聽聽就好。我給了垂頭喪氣的老闆幾個建議之後，邊走出店時邊送他一個禮物。

　　「請問目前飯都是怎麼提供的？只是白飯對嗎？要不要試著換成全韓國沒有一家排骨湯店試過的豆芽飯呢？在大盤子上大概盛 2～3 人份也可以，如果覺得會增加人工成本，也可以乾脆把一個桌子變成『豆芽飯自助區』。把盤子堆在旁邊，讓顧客可以自己舀豆芽飯的醬。」

　　我總是以價格為優先，一開始提出這個想法，也是為了漲 30 元……，但是這個大方的老闆卻這麼說：

　　「多虧這些顧客，我才能在這競爭激烈的汝矣島存活下來。我想要免費送他們吃。」

　　我覺得真是太厲害了，後來顧客們的反應非常熱烈。商業與價格是場心理戰。如果顧客可以收到與支付金額相當的好處，他們就會想說下次要再跟你交易，如果可以收到更多的好處，顧客們就會這樣想：「要把這家店記下來，下次要帶好朋友們來。」

　　你看完下表的比較，就會知道為什麼：

普通排骨湯320元	VS	豆芽飯排骨湯320元
排骨湯＋泡菜＋白飯		排骨湯＋泡菜＋豆芽飯
＋鹽巴＋辣椒醬＋水		＋鹽巴＋辣椒醬＋水
＋小菜＋桌子＋廁所		＋小菜＋桌子＋廁所

當其他條件都一樣，顧客就會注意到不同處，並開始分析在自己支付價格的過程中，該差異占多少？無意識地掃視一遍後想「喔？這家店不是白飯，而是豆芽飯耶。」只要這個情報收錄到腦中，他們就會開始搜尋過去的經歷。這個過程中會找出標準價格，價格基因也會將將將地出現。

「豆芽飯，至少也要85元吧？」

顧客這時候就會開始加入心理戰，簡單來說就是上鉤了。無論你是更換店裡的肥皂、衛生紙或買新機器，不都是包含著這樣的心情嗎？想要用更好的東西接待顧客、想要被更多人認可、想要更多顧客瞭解到我的苦心，然後常來就好⋯⋯這樣的心情有多澎拜，就能多收多少錢。

如果顧客平均認可它有85元的價值，他們就會將腦中原本320元的價格基因，多加上85元。如果要計算得更準確一點，就要減掉白飯的價格，但是顧客對於多出來的好處非常通融且大方。「排骨湯加上豆芽飯應該要405元，但是

這裡居然跟只有排骨湯的其他競爭者一樣只收 320 元，太划算了吧。」顧客認為自己做了一次開心的交易，他們站在結帳臺前的表情會變得開朗。

「哇，豆芽飯很好吃。老闆我變胖你要負責喔！
害我今天吃了二碗飯。」

跟平常不一樣，顧客今天居然用雙手遞出信用卡。

而這位顧客下班回家後，馬上就蹲到電視前面，變身成電視購物觀眾。

「老公，老公！你看這個，他說只要到達一定的
溫度，平底鍋的中心就會變成紅色的。」

因為之前用過的平底鍋沒有這種功能，所以覺得超級神奇。她自然地回想起之前因為沒辦法準確掌握平底鍋的溫度，食物常常燒焦或沒煮熟的經歷。

幾乎所有的人接觸到新產品都會有類似的行動，將原有的產品跟新產品做比較。如果這個新玩意，可以改善我現在感受到的不方便、不滿意或痛苦、多給我幾%幸福感，都會讓人感到亢奮。這個刺激，會延續成衝動。

　　但是身體馬上就會抵抗,「又要買平底鍋?這不是浪費嗎?」既感謝仔細解釋產品新功能的電視購物主持人,同時也討厭他。

> 「如果有那個平底鍋,烤肉店員工們就不需要用
> 紅外線溫度計了。」

　　新平底鍋的視覺上的資訊太新奇了。溫度計?平底鍋?對欸,如果有這個平底鍋在烤肉店員工們就不需要用紅外線溫度計量炭火或烤盤的溫度了。如果平底鍋的新功能可以代替溫度計,看溫度計值多少錢,顧客對於新產品的價格也會寬容看待。因為有二種功能,當然也要支付相應的價格,所以大家都拚命想要讓顧客看到新產品與舊產品的差異。

　　尤其是新功能要能改善顧客的不方便,外觀真的是一件強大的武器。其實,電視購物就是覬覦這件事情,邏輯固然重要,但是視覺上所提供的資訊一定要夠美好。

　　我記得電視購物主持人李高雲英先生,在新人時期賣免治馬桶時,有過這樣的煩惱。「每一家的產品功能都很好,都有衛生,但大家都說自己家的產品品質最好……難道就沒有什麼方法可以讓觀眾看到這些看不到的優點呢?」結果,當其他主持人都只沖水給觀眾看的時候,他手握拳頭把大醬塗在拇指與食指的溝中。然後用免治馬桶的水柱沖洗,

看著手上的大醬被清洗得乾乾淨淨，他用這樣的方式展現免治馬桶的功能。之前一直被面紗蒙住的免治馬桶，終於可以展現出它真正的價值。

接下來是消費者的腦中，每天會重複無數次的日常。當接收到新的資訊，消費者會將它與原本的資料庫比較，找出為什麼要買這個新產品的理由。如果沒有特別的理由，就不會想購買。不然就是將購買後可以獲得的好處算進價格中。除非是樂透連中三次，或者從父母那得到大概三億元左右的消費者，不然大家都會做比較。這位顧客在網路上查了紅外線溫度計的價格之後，馬上決定購買最新型平底鍋。光想著要用新平底鍋煎肉吃，就開心得睡不著。第二天早上上班，卻沒辦法專心做事。平底鍋除了煎肉，還可以煮溜三絲嗎？中午，主管請大家吃飯，大家一起去了一家最近很有名的「會呼吸的嫩豆腐」店，看到店內用碩大的字體寫著的新品項：

「松葉蟹膏嫩豆腐」

哇塞！吃過肉、泡菜和海鮮等各種口味的嫩豆腐，但是第一次看到松葉蟹膏嫩豆腐。讓我來看看價格……250元，看下一列，海鮮嫩豆腐是215元。好，讓我來思考一下，「松葉蟹膏嫩豆腐的價值，究竟比海鮮嫩豆腐還多35元嗎？」當然啊！松葉蟹膏多珍貴啊。而且還是沒吃過的，

好我決定了。

「局長，我決定要吃松葉蟹膏嫩豆腐。」

它的外觀也很讚，這種程度充分值得35元。下班後去了髮廊，設計師問：

「剪完頭髮之後，您要選一般的洗髮精還是碳酸
洗髮精洗頭？」

她又開始煩惱，在買平底鍋還有吃嫩豆腐的時候，都有過類似的經驗。

「是用到碳酸這項最新『技術』是吧？」那麼應該會很貴，但是沒有可以比較的對象。

在她猶豫的時候，設計師說二種的價格是一樣的。那麼，還有什麼好猶豫的呢？當然要用碳酸洗髮精囉。不管是你、我，還是一般的消費者還是賣家，我們每天都在比較。跟類似的東西做比較，功能類似、外觀類似或成分類似。如果類似的話就只能賣差不多的價格，如果有不一樣的地方，看不一樣到什麼程度就可以賣貴一點。

在訂價之前，請一定要想想看。我的產品會被拿去跟

什麼產品比較呢？然後如果想漲價，就看看競爭者們。分別列出它們的共同點及它們不做的東西，然後從中選擇可以被認可為價格的技術與材料並投入自己的產品中。如果可以，我們還需要能夠讓消費者聯想到有價值的視覺資訊與象徵。為了賣貴一點，把產品與鮑魚、魚子醬、碳酸、人工智慧、極細、鈦鍍膜和自動駕駛等有價值的形容詞和象徵連結在一起。如果有人已經在市場上提供類似的產品與服務，那麼我們即使推出「新產品」也會被拿去比較。

如果真的想訂出屬於自己的價格，請像愛迪生一樣，嘗試千萬種組合。但是，有一個前提，因為在想要創造出新東西的壓力下，有可能往奇怪的方向發展，所以我給大家一個指引。

請先煩惱如何讓顧客「更」幸福，想漲30元就得讓顧客感受到60元的幸福，想漲300元也就得讓顧客感受到600元的幸福。不是我覺得，而是顧客覺得。找出那個東西的戰爭，就是價格心理戰。

PART 3

老闆們，
試著越線吧！

사장님들, 선 좀 넘어봅시다

只要將牆推倒，
就可以開出一條路

　　為了可以用我們心中理想價格販賣產品，需要確認幾件事。

1. 我的產品與服務有辦法消除顧客的不便或痛苦嗎？
2. 顧客在購買我的產品與服務之後，可以向他人炫耀這件事嗎？
3. 顧客會覺得買過我們的品牌值得驕傲嗎？
4. 顧客會因為獲得想要的東西，產生滿足感嗎？
5. 顧客會因為我的產品與服務，讓他們變得更好嗎？

　　不知道你會不會覺得我煩惱太多，以上這些提問是真正可以幫助你，創造出真實價格的核心重點。如果你可以滿足以上這六個事項，就可以用自己想要的價格賣東西。

　　我們來試著打造一間三溫暖吧？假設我們想收的價格，比原本 285 元的入場費高 30%。

1. **自動搓澡機**
2. **等候區的黃金椅子打卡區**
3. **五種不同的湯浴**
4. **贈送下次消費享八折優惠券**
5. **三溫暖的水質與空氣品質有別於其他競爭業者**

　　我現在能想到的大概是這幾項，你一定可以設計出比這更加高級、有價值的三溫暖。但是自營業老闆們大部分都因為不知道、覺得麻煩、手頭不寬裕或沒時間等各種理由，一個接一個的放棄設計新東西。大家都不知道讓人「想到頭腦爆炸」的這些點子，就是「價格的資格」，放棄多少，就會損失多少。企劃，如果想收取最高的價格，就不能只推出顧客想要的產品，而是要推出顧客瘋狂想要的產品與服務。

　　為了達到這個目的，就必須把重點放在需要拋棄哪些原有的東西、要怎麼變化、要怎麼獲得跟其他品牌不同的評價。我之前也強調過模稜兩可的類似感會摧毀你的價格，我們需要與他人不同。為了可以被顧客揀擇，就需要完全不同產品。要與眾不同到顧客認為這是他們從未想像過的產品，要做過頭、越過那條界線，才能夠賣出令人震驚的價格。

　　「往前，往前，往前，再往前～」

　　曾經，每個人都認為地球不是圓形，而是方形的，所

以只要到大海的終點就會掉下懸崖死掉。但是某天有一個人跨過了那條線，沒錯，他就是哥倫布。誰先發現那一個新大陸並不重要，重要的是他為了獲取辛香料，跨越過「常識」那條線。他為什麼賭上性命開始航海呢？為什麼他會開始這趟所有人都說不可能的旅程呢？他是位探險家，但是在這之前他是我們商人的前輩。哥倫布不是為了耍帥，才出發尋找新大陸。他有一個明確的理由。他是為了尋找消費者非常渴望、瘋狂想要的胡椒。在冷凍、冷藏設施匱乏的年代，胡椒是最大的幸福與快樂。也因如此，它的價格能賣得比黃金還貴。

　　想要用自己心中理想的價格賣東西，就需要跟哥倫布一樣勇敢。要勇於越過那條線，也就是需要賭上性命冒險。當發生戰爭時也是，國家內部產生嚴重的紛爭，導致物資不足，此時為了生存就需要越線。請想想看，要怎麼樣才有辦法跨過國境到別人的地盤，獲取自己想要的東西？需要比對方還要強大的武器與戰略；需要理解他們文化，有時候還需要勸導與教育。

　　這些與我們一直強調的產品與服務，還有價格真的很像。如果想要增加市場占有率，就需要侵略到某人已占領的市場。要將我們的旗幟插到別人的地盤，然後強迫他們接受我們的提案。

如果說賈德·梅森·戴蒙（Jared Mason Diamond）強調的是《槍炮、病菌與鋼鐵》（*Guns, Germs, and Steel: The Fates of Human Societies*），那麼我想再加上一個東西。

「槍炮、病菌、鋼鐵與價格」

資本主義市場中最強大的武器就是價格。價格可以左右品質、想法、欲望及幸福度。超越經濟才能引起革命。當全世界將一切都投入在手機性能開發時，革命家們越過手機市場的界線，闖入相機市場。如果認為智慧型手機是單純的功能加上功能，只能說這個想法太落後了。這個明明是一場挑戰。相機企業一開始嘲笑過這件事，他們認為手機鏡頭品質不過才那樣，有辦法吃掉相機市場嗎？他們小看智慧型手機，因為他們只看到智慧型手機的冰山一角。

越線的人們是勇士，他們沒有害怕的東西。只要能擴張領土，只要能將我的想法傳遞給更多人，管他是相機，即使是鏡子、日曆、地圖、新聞、影視、錄影機、筆記本、電腦，甚至是人際關係，他們都有信心統統放進智慧型手機裡。這些人最終還是越過了線，追趕著既得利益者的圈子，並在最終將他們消滅。數位相機品牌們在領土被搶走之後才明白，越線是一件多麼需要被重視的事……。

為了可以越線，需要先瞭解自己。蘇格拉底說：「認識

你自己。」可能並非在提醒世人「不要超越分際」，而是建議大家要準確瞭解自身的界線，並充分準備才有辦法超越它。從客觀的角度判斷自己的能力，並且冷靜地分析跟我競爭的人是誰、顧客如果不選擇我，他們有哪些替代方案。如此一來才能決定要跨越哪一條線、推倒哪一座牆。

　　將自己與自己的產品細分成分子。如果從事的是旅宿業，就可以將其分成以下幾種：

電梯＋房間＋浴室＋床鋪＋電腦＋電視＋浴缸＋冷氣＋衣架……

　　這些是普通的組成要素。用這些分子來看看我現在的狀態、我與市場的差異及可以替代我的選擇有哪些。結果會是如何，無人可知。你有聽過「難抵極」嗎？通常是指離海岸線最遠的點，但是其實也是指人類最難以到達的位置。

　　最知名的難抵極位於南極。平均溫度為零下89°C，已到達無法區別是界線還是極限的程度。要將思考擴張到這種程度，才有辦法引起革命，產品和服務的革命及價格的革命。適當地越線，可以適當地提高售價，但是如果能越過難抵極的線，那麼就能賣出凡人無法想像的「難抵極價格」。

植物花園	露天溫泉	VR 實境	360 度蓮蓬頭	電子衣櫃

電梯+房間+浴室+床鋪+電腦+電視+浴缸+冷氣+衣架⋯⋯

氧氣室　　　指壓　　　投影機　　氧氣製造機

　　我們來發揮想像力吧。到底有多少東西是必要元素？為了滿足人類的欲望與快樂，我們的想像力可以發揮到哪一種境界？已經有些東西成真，但也有些東西正要成真。擴張想法後找出界線，接著找出跨越那條線的方法。

推牆開路

　　這個四字詞在字典中找不到，因為這是我自創的詞，我之前看了一句話，因為太喜歡它的意義，於是就創了這個詞。

　　「將牆壁推倒，就能開出一條路。這條路為推倒牆之人所有。」

　　「唉呦，我們這一行這樣就夠了。」用這種侷限於常識的思考方式與追求平均的心態做生意，那些想越線的挑戰者們，非常容易就能夠追上來。顧客喜歡豐富的提案，富含細節或之前從未經歷過的有趣點子，所以如果我們把自己侷限於自己設下的界線之內，慣性地提供普通的點子，這樣是抓

不住顧客的心的。

　　我希望你看完這本書後，可以成為越過那條線的企業家。越線是為了生存，展開領土戰爭，只有越線的人可以存活下來。現在，我們來試著越線看看吧？

創造新的價格基因

下頁正中間那張圖是普通豬腳店的飯桌。我之前一直強調要越線、超越極限的原因就是為了價格。用常識與普通方式思考絕對無法賣得跟競爭者一樣貴。將想法擴張到近乎極限是為了讓顧客知道我的想法與眾不同。

「嘿，我連這種東西都想得出來喔。顧客們，請問您們願意認同我的產品並購買嗎？」

將我的想法移植到顧客的腦中，讓他們知道有之前不存在的產品與服務出現了。接著我們的目標就是用未曾存在過的新價格賣東西。我們再看一下豬腳店的飯桌吧。即使不是餐飲業，如果可以將自己的產品與服務用這種方式羅列出來，之後也會比較容易應用。

韭菜＋生菜＋泡菜＋蔬菜＋醃製醬料＋蝦醬＋豬腳＋湯

普通豬腳店越線的例子

　　我們可以如何擴張這種餐食組合，並讓它越線到其他新的市場？如果不先分解，就不知道能將哪一種零件進化。想用隨便包一包的一團東西說服「機智」的顧客，簡直就跟摘星星一樣難。商品組成元素的分子，至少要有一個比平均更加優秀、獨特，才能引起顧客的注意，顧客才會對我的產品有興趣。

　　當顧客的視線看向產品的瞬間，必須讓他們感受到「不同」，他們才會心動、有興趣。顯眼的分子愈多，就愈能引起顧客的興趣。這就是將普通常識變得特別高級的過程。

- 涼拌韭菜 → 慶尚道蒸韭菜
- 生菜 → 自己種的生菜
- 蘿蔔乾泡菜 → 水煮肉泡菜
- 切好的蔬菜 → 採用長壽飲食法，提供整株蔬菜
- 蝦醬 → 原料來源透明的蝦醬
- 豬腳 → 德國烤豬腳、脆皮德國豬腳
- 大醬湯 → 海鮮湯

　　不是越過邊界一次就足夠，這只是暖身而已。只要聰明一點的老闆都能想到的邊界，我們要超越的是這種邊界。這個過程非常重要，離競爭者愈遠，就離消費者愈近。即使在潛意識中認為是不能跨越的邊界，但還是要跨過這條線，才可能更靠近顧客一步。該怎麼做才能提供不平凡、更吸引

人的產品與服務呢？我們現在來消耗一下腦力吧。

- 涼拌韭菜 → 慶尚道蒸韭菜 → 韭菜煎餅
- 生菜 → 自己種的生菜 → 智慧型農業貨櫃生菜
- 蘿蔔乾泡菜 → 水煮肉泡菜 → 泡菜達人姜順義的泡菜
- 切好的蔬菜 → 採用長壽飲食法，提供整株蔬菜
  　　→ 桌上型智慧種菜機
- 蝦醬 → 原料來源透明的蝦醬 → 手工製作醃製醬料
- 豬腳 → 德國烤豬腳、脆皮德國豬腳 → 塞拉諾火腿
- 大醬湯 → 海鮮湯 → 海鮮鍋

　　從左到右，可以發現品味與格。多虧有漸進式思維，可以創造出這項產品。如果你煩惱「該從哪開始？」這時候只要不停地問周圍的人問題就可以。因為大家成長環境不同、DNA 也不同，因此可以得到各式各樣的回答。這時候你可能會更加混亂，頭也隱隱抽痛。

　　但是當認知到這是必須馬上解決的問題時，就會開始找尋答案，一階一階地碰撞往上，並製造出銳利的武器。想法碰撞想法，最終就可以產生一個高級的點子。的確，比起左邊羅列出的元素，右邊的更吸引人對吧？就是這樣一步步擴張想法，創造出價值。這些價值之後就會成為價格基因的組成分子。如此一來就可以比其他類似的品牌，用更高、更有價值的價格賣出。

　　擅長經商的人有一個共同點，他們的視野比別人寬二、三倍。因為他們並非只專注在自己經營的類別，而是越線、跨界甚至連與自己無關的領域都能分析。我將這種能力稱為「周邊視覺」。

　　如果你限制自己，把自己關起來就會自取滅亡，但是如果能時常保持努力增長周邊視覺，就有辦法引領文化與社會。這是越界者的特權。是不是至少應該要為自己創造出一個代名詞，讓在這世界上的人一看到或一聽到就會發出「啊，原來是那個人！」這不只是為了我自己，也是為了我的家人、我的子孫。

如果不告訴顧客，
不會有人想買

　　我很常看TED演講。世界級頂尖學者們的15分鐘演講，真的很令人振奮。他們將貢獻一生的研究濃縮成短短的時間，因此演講的知識密度非常高，內容也很龐大。我最常看的講者是行動經濟學者、心理學者、行銷專家、藝術家、新創事業家、數學家、歷史學家和飲食專家。只要有一點點好奇的地方，我就會在Google的學術搜尋網站Scala找論文。

　　某一天我看到世界知名行銷專家賽斯·高汀（Seth Godin）的影片，起了雞皮疙瘩。對於已經苦惱邊界與界線好幾個月的我而言，它簡直就像一道光。現在我們熟悉的切片吐司，在不過約一百年前都還是一整塊。我們常購買的切片吐司是奧托·弗雷德里克·羅維德（Otto Frederick Rohwedder）發明切片機後才出現的產物。更驚人的是在切片機發明後的15年間，居然沒有一個人想瞭解或想購買這卓越的技術。直到一家名為Wonder Bread的企業將這項驚人的技術傳播給大眾之前。

在這項技術推出之前，沒有任何人想要這個技術。

　　我一聽到這句話，馬上起了雞皮疙瘩。沒錯，因為從來沒有出現過，所以大家不知道也正常。因為沒有跟大家說過，所以不知道也正常。因為沒有用過，所以不知道……不知道就不會想要啊。

不是故意不想要，而是因為不知道所以不想要。

　　商業與價格的核心都在這句話裡。雖然是一件很理所當然的事情，但是只要稍微偏一點，就非常適合用來說明界線與邊界。製造商與賣家到目前為止都沒有越線，是因為沒有察覺到消費者與顧客需要他們越線。因為只要這個東西存在、顧客也知道它的存在，不管是技術、產品還是服務，就一定會有需求。

　　我感到十分興奮，因為這件事彷彿就像在支撐我的主張「勇者站出來摧毀邊界、跨越界線、創造出新文化，就會產生需求。」之後要說明的在咖啡店賣香蕉和在水果店賣咖啡，也是相同的概念。直到那個東西被創造之前，我們無法感到我們需要它。但是如果有某個人越過了那條線，市場全體就會蜂擁而入。一開始可能會感到尷尬與不熟悉，但是只要過一段時間，想要的人增加就會變成流行、變成文化。

某位有這種革命性思考的老闆，陷入了以下的煩惱：

「為什麼要一直使用卡式爐？很危險欸！如果同
桌有小朋友，還有可能會燙傷……有沒有其他的
裝置呢？」

就這樣跨越桌上型加熱用具的界線，發明出電磁爐與
黑晶爐。

「沒有什麼東西可以幫準備學測的學生集中注意
力嗎？比起教室原有的設備，沒有更先進的系統
嗎？」

於是在醫院使用的氧氣製造機，就這樣跨足到補習班
教室來了。

「沒有什麼充滿活力、『更有趣』的東西可以放在
汽車旅館裡玩嗎？」

就這樣，房間中的房間、KTV跨足到汽車旅館，並且占
有一席之位。這些全部都是沒有人想出來之前，不會有人想
要的想法、技術與服務。

我正在準備的直播平臺LIVECOM有一個特別的服務，

那就是當顧客在網路上購買全國各地的美食餐廳便利包時，我們會根據購買金額提供折價券。提供折價券雖然是很常見的服務，但是我們提供的折價券服務性質稍微不同。它並非再次購買時使用的折價券，而是要到實體店面買東西才能用的折價券。

也就是這個平臺可以交替跨越線上線下的界線。在LIVECOM開始這項服務之前，這其實也是「沒有人想要的技術」。

> 「曾經以為是極限的地方，只要換個角度將它視
> 為邊界，跨越之時將會到來。」
>
> ——朴勞解

跨越界線的那一瞬間，就不再平凡而是卓越。如果在消費者眼中看起來「不就是那樣嗎」，被挑中的可能性就非常低，需要傑出得很明顯才有機會被選擇。不管哪一種產品或服務，要能打動人心才能刺激購買欲。這個過程雖然單純，但也奧妙。拿出之前不存在的產品，並努力讓大家知道它的存在，就能抓住消費者的視線。根據視覺資訊新穎的程度，撼動人心的程度也會不同。撲通撲通的心跳馬上就傳遞到大腦，管轄行動的總部大腦會用全景模式掃描之前的經驗。將幾個正向的聯想與新產品配對，依照過去的經歷判斷

該產品具有優勢，就會決定是否購買。

提供生魚片的烤肉店

很新穎。「烤肉店有生魚片？」尤其對於喜歡海鮮的客人，這是一件好消息。這間店有很高的機率可以成為跟不喜歡肉類的人聚會的好地方。雖然不能覬覦整個生魚片市場，但只要能好好宣傳它非常有機會成為更多消費者「想要的技術」，擴張事業版圖。想法愈深沉，強度就愈深。將顧客不想要的技術，轉換成顧客想要的技術，需要有「轉換性思考」。所以這次，我們就從相反的方向跨越界線吧。

提供肉類的生魚片店

目前還沒有看過這種店，用常識難以想出這種點子。感性想做，但是理性卻一直阻止自己。其實如果換位來看，就可以馬上想通。「什麼？生魚片店居然有烤肉？」只要利用烤奶油玉米的鐵盤就可以簡單解決，但想要實行卻不容易。想像中的越線，任憑大家發揮想像力，任何一種行業或工作型態都能套用看看。如果認為這些都只是「荒唐的想法」，那麼之後可能就會被市場上的先驅者們搶走。大家知道嗎？全世界的特A級企業家們，都虎視眈眈地專注在如何跨越到別人的市場。就像智慧型手機吃掉數位相機市場一樣，互相跨越界線蠶食市場。

　　既然都提到吃，那我就再多講幾件事。最近許多烤肉店都流行提供海鮮湯。在有人產生這個想法之前，無論是賣家還是買家都對這種結合方式與跨界沒有興趣。但是當這個點子一出現，卻馬上快速地流行開來。聽說提供海鮮湯的烤肉店客人絡繹不絕，其他老闆們馬上就感受到危機感，於是他們也站了出來。就這樣當市場同時增加，一定要去有送海鮮湯店家的理由又跟著消失。

　　如果想反轉世界，就一定要親自站出來反轉。雖然有提供海鮮湯的烤肉店，但是還沒有提供烤肉的海鮮湯店。用小火爐烤肉也可以，或用裝著奶油玉米的迷你鐵盤烤也可以，如此一來你可以親自見證，顧客不想要的技術轉變為顧客迫切渴望的技術的瞬間。我敢保證人類熱愛新鮮、能讓人更幸福或有著驚人趣味的東西。請常常翻轉看看吧，你會發現這個世界看起來更加美麗。

提供沙拉的健身俱樂部

　　世界上最困難的事情就是開始運動。想著要運動、要運動，結果還是會以明天再開始這種想法，加上各種藉口不運動。每人有每日建議攝取熱量，成人女性、男性為2400~2700卡路里。這個建議攝取熱量會隨著年齡層與職業增多或減少，攝取超過建議量以上的卡路里又不運動的話，它就會變成脂肪。要減肥才會健康，不然就是要減少吃的量，但是這不容易。於是，人們開始反省，並開始健身。但，你知道嗎？利用重新命名（renaming），可以增加價值與提高格！

體育館＜運動俱樂部＜健身房＜健身俱樂部＜體態訓練中心

　　這是室內增肌減脂場地名稱的變遷史，一點點地改變規定並進化。不知道為什麼，體育館、健身館就像是男性專用；運動俱樂部感覺是年輕人聚集地；健身房感覺有教練常駐；健身俱樂部讓人聯想到與高科技結合的場地。但其實，這四個地方都是為了健康會去的地方。

看著正在努力運動，流得滿身大汗的我，教練說：

「雖然運動也很重要，但是從現在開始要調節
飲食。」

如果飲食不正確，再怎麼努力運動會有效嗎？於是我
開始提出問題並上網找答案。雖然資訊很多，但是沒有找到
讓我覺得「就是這個」的內容。不是啊，有時候選擇太多，
也會讓人猶豫。電視上那些知名藝人的教練，好像都會親自
幫他們配餐……前面介紹過的提供沙拉的健身俱樂部就是從
這個想法出發的。

我當某間健身俱樂部顧問的時候，建議他們在每月
1500元的會費中增加沙拉的費用。有很多地方在賣處理好
的散裝蔬菜，只要搜尋一下就可以找到許多廠商，可以將沙
拉專用的蔬菜分成小份，加上雞胸肉與一點醬料，做出健身
用沙拉。

考慮顧客的沙拉「價格基因」後訂下價格。你還記得
吧？在顧客的立場，因為可以運動又可以管理飲食習慣，所
以回響很熱烈。但是某天我忽然想到，就像在健身俱樂部賣
沙拉一樣，不能在沙拉吧賣健身會員券嗎？

「只要引進咖啡專賣店的集點制度就可以⋯⋯。」

　　就像集滿十點送一杯咖啡，只要買十次沙拉，即使只有一小時也好，送顧客可以在附近健身俱樂部運動的使用券。許多健身房都把火力集中在募集會員，應該滿容易可以找到合作夥伴。瑜伽也可以，冥想也不錯，只要是喜歡沙拉的人會喜歡的服務都好。

$$價值 = \frac{好處（沙拉＋健身＋瑜珈＋冥想⋯⋯）}{費用}$$

　　我說過如果比起支付的金額，能獲得的好處愈多，顧客就愈容易將它認定為價值。拼命提升價值是為了什麼？很簡單，為了價格。不過不是請你無條件免費提供好處，而是請你投資以利增加市場占有率。相同類別的產品與服務，只要能提高價值與格，就能用更高的價格賣出。因為募集會員本身就是一場打不完的戰役，如果可以從沙拉賣場獲得顧客，以健身俱樂部的立場也會非常歡迎。更何況因為稟賦效應，比起沒有體驗過的顧客，嘗試過一次健身的顧客加入會員的機率更高。

　　最後，投入這個策略最大的理由是可以破壞類別。這是經商最刺激的階段，如果說第一階段將健身俱樂部與沙拉結合，由於這項結合體，沙拉市場因此被拉進健身俱樂部的

類別中，透過這樣的雙重結合，在類別的界線上反覆交踏，就會誕生完全不同的商機。也因為這樣才有辦法動到價格基因，這就是轉化價格基因最終目標。

　　如果真的想創造出高級的價格，拜託請挑別人不做的事做，然後創造出消費者無法衡量的價值。如果可以被推測，就會被看透，而被顧客看透就完蛋了。雖然每一個組成元素都是熟悉的東西，但是如果結合就可以創造出嶄新、刺激好奇心的作品。再深入一點，如果可以做出消費者會焦急想試試看的產品與服務，那麼價格就會是由「我」來訂。以此為目標多激勵人心啊！

如果想成為

價格創造者，

請拆毀常識之牆。

如果你的想法碰壁時，就表示你已到了邊界。
請再用力一點，直到推倒牆，開出路的那天。

拜託，再給根香蕉吧

　　某一天，我接到一通電話。來電者是正在和我合作、新韓銀行旗下的新韓SOHO士官學校負責人。

　　「老師，我們學生有一位開了一間副牌咖啡店。
　　不知道是不是因為才剛開始，客人實在不怎麼多
　　……（中略）所以，想請您去店裡看看。」

　　我馬上就去拜訪，店內裝潢很整潔、員工很親切、口味也很不錯……但就是沒有可以一擊奏效的特色。我相信一定有很多人都想知道咖啡廳的元素中，有什麼可以一擊奏效的元素……，因為咖啡廳的倒閉率在服務業中算高的。如果認為咖啡廳只要開著就會有人來，那你恐怕是嚴重失算了。品質好的原豆、自家烘豆、RO逆滲透水、頂級咖啡機……雖然你認為只要具備這些東西，顧客就會源源不絕，然而現實並非如此。為什麼？因為你的競爭者也都拿著類似的武器上戰場啊。

還不如強調以下事項更有用：

> 「我們不使用『A+』級，而是使用A-級原豆。因
> 為這樣可以幫助咖啡農家、減少手續費……如此
> 一來我們得以降低30％的價格。好喝嗎？比起味
> 道，我們更重視香氣與咖啡因含量。強烈推薦給
> 想要專心工作或讀書的人。』

但是，許多咖啡店老闆都只顧著強調品牌、品質。像
這間有困難的咖啡廳，附近有星巴克、Caffe Pascucci、
Ediya Coffee、Tom N Toms等連鎖咖啡廳，群星般的第一
線品牌，在半徑500公尺之內居然多達20幾間。

即使只有一滴，也要把點子擠出來。畢竟這是救活我
的寶貝店家的重要任務，管他是越線還是過分，（我並非要
你不擇手段，而是說即使抽離咖啡廳這個類別）都要想出厲
害的方案才行。就在這時候，我的腦中突然冒出一個詞：

香蕉

市政府商圈有許多女性上班族常來咖啡廳。

「女性顧客會喜歡什麼東西呢？」買來吃會捨不得，但
是別人買的話會喜歡的東西？既然如此，最好是有標價的產

品……。

　　我想到的點子就是香蕉。通常可以只購買一、二根香蕉的地方是哪裡呢？沒錯，就是便利商店。二根香蕉賣60元左右，大部分的人都知道這個價格。我就是看準了這一點，人們會把沒有價格資訊的東西當成贈品。所以我們不行隨便挑選，因為它不會被顧客認可為支付價格後所得到的「價值」。反之，如果是可以輕易看出價格的產品，顧客就會將它算入支付價格中。

　　■ 原味拿鐵 130元
　　■ 美式咖啡 90元
　　■ 摩卡咖啡 115元

　　大概掃一下價目表，比起品牌的知名度，價格有點小貴。所以，我想要藉由香蕉，創造出這間咖啡的招牌、優點與價值。什麼？你問香蕉成本多少嗎？只要能找好廠商，一根大概10元左右。接著，我們就來創造市政府商圈尚未出現過的「用途」。

　　人們來到咖啡廳是為了喝咖啡，但是提供香蕉的咖啡廳，還可以吸引有點餓的顧客。那麼雖然一樣是咖啡廳，但是去的理由就不一樣了。我說過顧客比起付出去的金額，他們更在意的是獲得更多回饋。把相對較低的品牌知名度，用

非常新穎的甜頭「香蕉」相抵。現在足以證明，生意不是靠品牌而是靠人了吧？

原味拿鐵130元 vs 招牌拿鐵130元

顧客會馬上計算：

$$原味拿鐵 = \frac{拿鐵}{130元} \qquad 招牌拿鐵 = \frac{拿鐵＋贈送一根香蕉}{130元}$$

不久後，一手拿著咖啡，另一手拿著香蕉的人愈來愈多，傳聞傳開的速度也比想像中快速。

「哪來的香蕉？是早餐嗎？」
「不是，剛剛在前面那家咖啡廳買咖啡送的。」

不知不覺咖啡店門前，宛如紐約客，手拿咖啡與香蕉的顧客絡繹不絕。執著於知名品牌咖啡的客人也來到店裡，瞬間人氣爆發，接著就會開始有團體訂單。這裡的香蕉，絕非單純的贈品，而是挑動價格心理的性感武器。其實一開始急著想解決問題、腦中掃過的資訊，是這個廣告文案。

「咖啡……與甜甜圈。」

　　廣告代言人李秉憲忽然出現在我的腦海裡。好，那我們就做咖啡與香蕉。咖啡與香蕉的顏色呈對比，香蕉也帶給人健康、正面的形象，沒有比這更好的武器了。你問為什麼偏偏是咖啡廳嗎？因為我前面有提到，只有越線的人，才能創造文化。如同從咖啡廳跨到香蕉，我們也可以從反向跨越。跨線過的進化型點子，就會變成核武器。

　　買香蕉送咖啡，買櫻桃、買蘋果、買酪梨、買葡萄，也都可以送咖啡。

　　至於價格呢？就看你囉，因為這是從未有人提出的想法與商品啊。我敢保證願意高價購買這個點子的顧客，從明天開始就會在店門口排隊。

　　雖然每間店使用的原豆與機器不一樣，但是其實你與顧客都心知肚明咖啡原價比想像中便宜。請不要太貪心，請帶著要成為先鋒或藝術家的心態訂價格，我相信品牌知名度會瞬間傳播出去的。

價格是想法的偷窺狂

　　訂價有許多方法。前文已經跟你提過如何用提升價值與格來訂價，以及透過走別人不走的路來訂價。

　　開拓新路需要創意，但是創意不會突然冒出來，是需要經過層層堆疊後爆發。正如有句話說，即使是一個不會寫作的人，讀千卷書後也會變得想寫寫文章，表示要先要學習、填滿大腦後才會有想法。

「蛤蜊義大利湯麵」

　　在日本札幌有「湯咖哩」，但是沒有人在義大利的代表麵品──蛤蜊義大利麵加上湯。這個點子很厲害喔，因為這道菜色很常見，所以即使不看實品，我們一聽到蛤蜊義大利麵也可以大概猜得到價格。不管使用多好的麵條或蛤蠣，它的價格有天花板。也就是說只要不是在五星級飯店或信義區的超高級餐廳，想要隨我心情訂價格是不太容易的事。即使這樣也想要越過邊界、開出新路的話，只要

仔細想想這二個問題。

「顧客最渴望的東西是什麼？」
「要改變什麼，才有辦法增加顧客的愉悅感？」

　　雖然現在是用蛤蠣義大利麵舉例，但無論是哪個行業或工作型態只要應用這二個問題，就可以創造出優秀的作品。為了達成這個目標，我們需要拋開原有的思考方式、擺脫傳統的思考模式，需要使用發散性思考。就如同賽馬也要將眼罩摘下，才能離開只往單一方向奔跑的競技場。方法非常簡單，首先把我們的主角蛤蠣義大利麵放中間，然後用講到蛤蠣義大利麵就會想到的七個單字包圍它。

義大利麵		蛤蠣
義大利	**蛤蠣義大利麵**	辣椒
麵包		橄欖油
	盤子	

　　你想到的東西可能會跟我不一樣。不對，你想到的東西必須跟我不一樣。因為成長環境與職業不一樣，DNA也不一樣，想到的點子應該也要不一樣才正常。但是應該會有一些不得不重複的部分，因為我們生活在相同的時代。

　　想好七個東西之後，接下來就是擴張想法。專心想著保衛主角的七個單字（義大利、義大利麵、蛤蠣、辣椒、橄欖油、盤子、麵包）。一個一個地想這七個衛兵單字。「想到義大利會想到什麼呢？」、「想到義大利麵會先想到什麼呢？」就這樣找出二、三個單字。大家現在不是在挖礦，而是在挖單字，把藏在你腦海中的寶石挖出來。

- **義大利** = 三色、披薩、湯（Zuppe）
- **義大利麵** = 長、麵
- **蛤蠣** = 清爽、湯頭、有嚼勁
- **辣椒** = 辣、紅
- **橄欖油** = 油脂、綠色、果肉
- **盤子** = 圓形、白色
- **麵包** = 大蒜、棕色、硬

　　如果不是因為發散式思考，講到「麵包」應該會最先想到柔軟與白色。但是因為受到義大利、蛤蠣義大利麵和義大利麵等單字的影響，才會出現這個結果。人類的思考方式非常有連貫性，灰姑○、白雪公○、唐吉軻○、甲午戰○……，例如這些單字，即使不用我說出最後一個字，大家都可以自動完成。這是因為人類本能想要快速完成思考的壓力。

　　你聽過「經驗法則」（heuristics）嗎？它就像是思想的捷徑。為了減少大腦能量消耗，我們先輸入代碼，如果看到

頭髮花白的人，就會想到他應該有年紀；如果他的臉上有許多皺紋，就會覺得他經歷過許多風霜……，聽過的單字成為自由的守衛，限制了我們的思維。所以想要擴張思考並不容易，希望你可以用我正在說明的方法，強制擴張自己的思考範圍。現在開始要講的東西很重要，不是一排一排地寫下來，而是在寬闊地散布單字，讓思考可以變得更柔軟。這是為了可以更容易配對單字，如果像畫圖一樣羅列單字，會成為思考的路障。

在龐大的圖畫紙上寫下主角、七個衛兵單字及其他聯想到的單字，自由地組合它們。在這過程中，你將有前所未有的神祕體驗，因為會出現我們想都沒想過的組合。

只要知道這個訣竅，這輩子都不用擔心沒有點子。點子並非無中生有，而是靠組合出來的。要組合原有的聯想與其他聯想，才能像愛迪生一樣發明東西。

「天才是1%的天分加上99%的努力。」

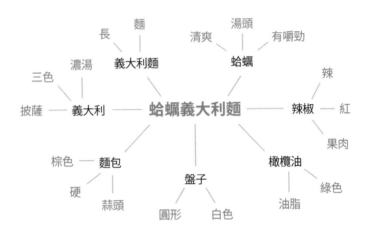

愛迪生為了找出一個靈感，他會嘗試99種組合。這個故事很有名，將想到的假說，一個一個組合、實驗、失敗、再組合、再實驗……。我們可以從組合的過程獲得能量，這也被稱為組合力。（但是還有一件重要的事，如果沒有靈感或走錯方向，99倍的努力就會瞬間消散；第一顆鈕扣要扣對，努力才不會白費。）

好的，那麼我們現在來組合看看七個衛兵單字與其他18個守衛單字吧？這一刻最緊張，這些明明是我想出來的單字，但是不知道為什麼組合之後我也會不自覺地驚嘆。愈不著邊際的組合愈有用，愈不相關，愈有機會成為絕佳的點子。從七個衛兵單字中挑選一個，並將它一一與18個單字組合。

讓我們從義大利麵開始吧？

- 義大利麵＋清爽
- 義大利麵＋有嚼勁
- 義大利麵＋紅
- 義大利麵＋綠色
- 義大利麵＋白色
- 義大利麵＋硬
- 義大利麵＋濃湯
  （Zuppe）
- 義大利麵＋三色

- 義大利麵＋麵
- 義大利麵＋湯頭
- 義大利麵＋辣
- 義大利麵＋果肉
- 義大利麵＋油脂
- 義大利麵＋圓形
- 義大利麵＋蒜頭
- 義大利麵＋披薩
- 義大利麵＋長

在組合的過程中，就會一直產生點子，並去掉已經存在的組合，最後挑出適合商品化的組合。

- 義大利麵＋清爽（夏日冰沙義大利麵）
- 義大利麵＋湯頭（義大利湯麵）
- 義大利麵＋有嚼勁（用彈牙麵（쫀면）替代義大利麵）
- 義大利麵＋紅（顏色非常紅的辣火雞義大利麵）
- 義大利麵＋硬（炸義大利麵做成下酒菜）
- 義大利麵＋濃湯（Zuppe）（濃湯義大利麵）
- 義大利麵＋披薩（用義大利麵當披薩配料）
- 義大利麵＋三色（像瑪格莉特披薩，一個盤子上有三種顏色的義大利麵）
- 義大利麵＋長（一公尺的義大利麵）

常識越線越過二次之後就能成為點子。這樣將衛兵單字與守衛單字配對，就可以簡單地找出這些點子。

三色麵包、蛤蜊披薩、長蛤蜊、長盤子、
綠色義大利麵、義大利湯麵、湯麵包、辣椒麵包、
辣椒義大利麵（將辣椒粉揉入麵糰中製成麵體）

這樣就能誕生出至今尚未出現過的組合。越過常識之線，價格就可以由我來訂，這就是我一直以來渴望的價格哲學。不用看競爭者與顧客的臉色，可以隨心所欲增加高附加價值的商品與價格。蛤蠣義大利湯麵的價格就是由此誕生。

- 蛤蠣義大利麵　　　　　　370元
- 蛤蠣義大利湯麵　　　　　430元
- 蛤蠣義大利湯麵套餐　　　520元

（蛤蠣義大利湯麵＋三色麵包＋60公分長盤子）

如果想要立即修復你的產品與服務，請多多利用聯想與重組法，你會有一種忽然變成天才的感覺。

啊對了，忘記說明一件非常重要的事。如果推出這種新穎的點子，一年365天會不停地有電視臺、新聞雜誌記者、專欄作家接連找上門來。你問為什麼？因為好奇啊！因為新穎啊！因為感覺很有趣啊！因為想挑戰看看啊！因為想比任何人早搶得先機。這就是人類的本能。

PART 4

|訂價策略 1|
賺取有理由的利潤

이유 있는 이익을 만든다

不要再強調 CP 值了

　　我們用「CP 值」（價格／性能比）這個詞用太久了。
雖然它一開始吸客力很強，但是隨著過度普遍化，現在反而
不強調價格／性能比的產品與服務更加稀有。如果要分析價
格／性能比，就必須把價值的公式拆解得更細一點。

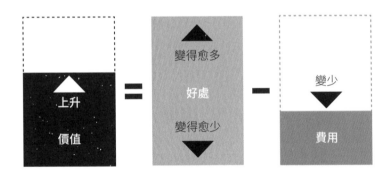

　　比上面的公式還更容易理解，對吧？

　　「從好處中扣除費用就是價值。為了增加價值，
　　需要增加好處或減少費用。」

　　非常簡單。被顧客認定的好處就是價值，對了，你知道優惠的意思吧？施惠與優待。雖然施惠會讓人聯想到宗教，但是其實它也是商業上一個很重要的概念。施予他人的情誼、好處，讓人覺得感謝，稱為施惠，但誰會感受到這份感恩之情呢？沒錯，就是消費者跟顧客。如果我努力提供，他們卻不覺得感謝，那就不是優惠。以我的角度準備各式各樣的東西，但是他們卻不覺得感謝，那就只是白費功夫。例如為了減少細菌和懸浮微粒，購買空氣清淨機放在店內，但是顧客別說感謝了，還反過來懷疑機器有沒有正常運作，從顧客的角度看來這就不屬於優惠。要讓他們用雙眼見證機器真的有啟動、提供了哪些幫助，將這些詳細的內容告訴他們之後，他們才會發現這是優惠，是額外的好處。

　　那麼優惠有哪些呢？從購買的產品上感受到的優惠、因為接待員工特別的服務感受到優惠、因為持有該品牌產品產生滿足感帶來的優惠……這些優惠讓我們感到幸福，但是費用卻完全相反。它讓我們感到非常疲倦。費用不單純侷限於支付出去的價格，花費大量時間也屬於費用，因為這也是消費者要承受的部分。

　　還有一樣就是精力！顧客選擇產品與服務時，面臨的煩惱與膠著也是成本。在價目表上貼 best 或 hit 或許可以幫助顧客毫不猶豫地做選擇，如果沒有類似的指引工具，讓顧客選東西選得很累也會產生費用。還有讓顧客煩惱購買該項

產品後，會不會後悔；讓他們產生心理層面的焦躁，也會產
生費用。顧客支付的費用比想像中還多種。也就是說，即使
是支付一樣的價格，品質、服務、形象更好，消耗掉的時間
與精力及心理層面負擔比較少，價值就會變高。而這個價值
與價格呈正相關。讓我們再回到價格／性能比。

　　大部分經商的老闆都認為自己品牌的價格很好、很親民。

　　「對不起，我們家非常貴。」

　　我採訪經歷30年以來，從來沒聽過這種話。這句話內
含著自信心，代表著他做的準備足以滿足顧客，但是價格比
較高。當大家都在強調價格－性能比的時候，這種想法當然
會顯得突出。大家都沉浸在價格／性能比的幻想中，逐漸地
大家變得類似，但他明明無憑無據，卻說自己價格／性能比
值高。只因為大部分的人都不知道價格有著複雜的DNA。

　　所以我決定要拋棄價格／性能比這傢伙。它就像是
軍隊迷彩服一樣千篇一律、令人厭煩。所以，我想展示出
「性能／價格比」這個朋友。如果價格／性能比是指價格對
比性能，那性能／價格比就是性能對比價格。將概念翻轉
之後，對於產品與價格的評價會完全不一樣。那麼，我就
開始說明囉。

「以售價來說，產品品質很好」　　　　　　　「與品質相比，價格很便宜」

　　以上兩句廣告的出發點不一樣，左邊是從價格出發，右邊則是從性能，也就是品質出發。自然而然烙印在消費者腦中的標準就不同。左邊的線索是「與價格相比」，右邊則是「與品質相比」。價格／性能比是那種跟價格比起來，產品品質算是優秀的；而性價比是首先品質優秀，但是相比之下價格算便宜。這二個屬於不同次元。

　　「以售價來說」這樣的說法，已經是為自己設限。因為這句話表示我已經考慮到價格，所以不會再增加某種程度以上的金額。反之「與品質相比」則表示「用盡心力做出最高品質的產品，但是我算你便宜」。沒有考慮過價格，把產品做得很足，但是怕顧客覺得有負擔，所以即使會有一點

損失，我願意賣便宜一點的慷慨。這時候就可以大膽地用 1500 元→1150 元，呈現出原本的定價策略。

讓我們換個類別試試看吧？旅館、飯店、民宿、露營車，不管是哪一種住宿設施。有以下二種推薦方式。

「以售價來說，設施很棒。」
「真的是很好設施，而且還把價格調低了。」

前者的限制就顯現出來了，但是後者沒有任何的限制，先提出優惠後，再講到費用。這二個的價值差異就非常鮮明了。

愈與人類的本能和欲望相關的產品與服務，性能／價格比就愈能發光發熱。

「以售價來說，這個藥的效果很好。」
「這個藥的效果很好，價格也很親民。」

再來一個舉例嗎？

「以售價來說，這件救生衣功能很好。」
「功能好的救生衣，用親民的價格賣給您。」

「以售價來說，這輛車的性能很好。」

「性能這麼好的車，只有今天賣這個價格。」

　　你可以發現人類渴望的東西是什麼。我真的想告訴大家的是**不需要強調價格便宜**，消費者覺得有需要就會買。比起因為便宜才買，因為非常需要而買的情況更常見。所以沒有必要努力地先提到我的價格。這跟大喊「我的品質會說話，只是普通而已啦！」是一樣的。這些產品與服務不是你用血淚換來的嗎？請先理直氣壯地亮出品質，再強調跟品質相比這個價格很親民。**雖然我們要推銷才有口飯吃，但是我們沒有必要連實力與人格都配合價格。**

價格＝價值＋格

　　一直強調「以售價來說」，只會降低「格」而已。

找出好市多熱狗那樣的必買品

　　30 年前我在美國讀書的時候，寄住在表哥家中。在這一年多的時間裡，經歷過許多事情。多虧經營大型雜貨店的哥哥，我才有機會觀察美國社會的各個面貌：從東部飛到西部要花二個多小時，且所經之地都是平地；只在課本上看過的美國知名山脈，用飛機橫越這座山脈都需要將近 30 分鐘；還有好市多的熱狗有多好吃。1987 年，在我上大學那時，學校前面賣的都是 30 元的小點心，哪有機會吃到那麼好吃的熱狗呢？那個時候甚至連馬鈴薯豬骨湯都沒有，只有在不銹鋼碗裡盛上豬骨熬製的大骨湯而已。

　　回到韓國之後，我也一直不停地想起好市多的熱狗。雖然好吃是重點，但是我一直不能理解的是，怎麼能賣那麼便宜。無論是當時還是現在都是 1.5 美元，大概 50 元。我第一次吃的時候是 1992 年，聽說從 1985 年就開始販售。我試著尋找連續 35 年維持相同價格的產品，終究徒勞無獲。當其他熱狗的價格都漲二倍以上，尺寸還縮水的時候，好市多的熱狗不只變大還變重。

　　這其實是有原因的，好市多不是靠販售產品獲取利潤，而是靠會費填滿利潤。當他們認為已經收取足夠的利潤後，就會毫不留情地開始打折。陷入這種魅力的顧客們，在享受完購物後，用熱狗填滿幸福。這也會產生一種稱為「錨定效應」的效果。

> 錨定效應（anchoring）：這是行為經濟學的用語。意即在談判桌上會侷限於第一次被提及的條件，無法超出它太多。也就是說，陷入最初提及的資訊，無法接收新的資訊或只針對部分做修改，也就是所謂的錨定與調整（Anchoring and Adjustment）的行為特徵。（資料來源：維基百科）

辣炒年糕即食杯一杯55元。

　　如果一開始覺得這個價格便宜的話，就會對之後看到的價格相對寬容，這也是因為受到錨定效應影響。就算一般來說一包賣30元的泡麵，現在即使賣45元顧客也不會太反感。因為腦中已經有一開始看過的價格為基準了。這種策略也適用在大賣場或網路商店，因為大家對這些商品都非常熟悉，能輕易衡量價格。

　　我想要將一個新的效果理論應用到好市多熱狗上。

楔入效應（wedging effect）

意為將楔子崁入某處。在好市多顧客們買完便宜的商品，飢腸轆轆地來到美食區。各種美食的香味刺激鼻尖，需要有非常強大的自制力，才有辦法只購買熱狗。結果最終你點了蛤蜊濃湯、牛肉捲、凱薩沙拉還有一盤披薩。不會太多嗎？沒關係，吃不完可以帶走。

盡情地揮灑欲望之後，走向熱狗佐料區。在酸黃瓜與洋蔥上擠滿番茄醬與黃芥末。啜一口可樂，再大口咬下熱狗，哇，幸福……如果有人想看看人類可以擺出多幸福的表情，我建議他可以去好市多美食區。

好市多的熱狗有著能將「好市多真的很便宜欸！」的印象崁進顧客腦袋中的能力。它的年販售量可達1億個，可以說是好市多的吉祥物與象徵。吃飽喝足後，回到家整理剛買的東西，並檢查購物明細。嗯，熱狗真的很便宜……但是其他東西就不知道了。好像有點便宜，但是又好像有點貴。

總之，一整天心情都很好。買了東西，也順便找找有沒有可以撿便宜的特價品，就像尋寶一樣，逛大賣場就好像是出門玩了一趟。

　　所以，我強烈建議你，找出你品牌中的類似好市多熱狗的「必買品」。一定要有一樣產品，可以讓消費者說出「這個一定要買，不買就虧大了。」然後非常渴望購入，如果沒買到就會非常後悔。這時候有一個祕訣，依照錨定效應，產品價格是客單價的 10～20% 左右就很適合。如果客單價是 400 元，那麼就是 40～50 元左右的商品。放在桌上、展示櫃或櫃檯旁邊都可以，只要是顯眼的地方就好。我輔導的品牌，一定都有這種產品，80 元的沙琪瑪、60 元的爆米香、70 元的韓式雞蛋捲、60 元的瑪芬蛋糕……。想知道積少成多的效果嗎？

> **這裡有一個 60 元的商品。假設每天售出 50 個，**
> **年營業日去掉公休日總共為 310 天，**
> **因為沒有其他成本，淨利率為 50%。**
> **60 元 ×50 個 ×310 天＝ 930,000 元。**

　　除非年營業額約為 1～1.5 億，不然這筆錢不是小錢。再加上淨利率高達 50%，能有 46 萬元進口袋。

　　這時候要切記一件事，那就是價格基因。建議選擇「啊哈，這個產品賣這個價格應該就夠了吧。」這種可以預測的產品。無法衡量價格的商品，會讓人產生害怕損失的心理，這樣反而像是幫顧客築了一道防止購買的牆。市政府商圈的一家知名辣炒章魚店，聽完我的課之後，馬上就開始賣

韓式雞蛋捲，價格為60元。為什麼？因為依照常理韓式雞蛋捲大概要賣150元。

好的，第二個重點來了，如果不喜歡應用客單價的10～20%，那麼請試試2.5的公式。

應售價格×2.5＝市價

這是顧客不會感到危險的價格線。即使你的租金或人事成本因此增加，可能會增加經營風險必須，但我還是希望你可以多賣一個「必買品」。前面提到的這家辣炒章魚店不知道是不是因為店面算有點規模，所以雞蛋捲賣得很好，對炒章魚生意也帶來幫助。

60元 × 100個 × 310天＝1,860,000元。

去除成本40元，利潤還有約30%左右，55萬正在對著老闆揮手微笑。只要做出來，就賣得掉；做得好，賣得更好。因為不賣，所以才賣不掉。盡力做好「必買品」，我們一起來體驗看看好市多的創始者詹姆士‧辛尼格（James Sinegal）的心情吧。

想一想！

　　其實我會提到必買品是另有原因，大家應該都有過在餐廳櫃檯前面搶結帳的經驗吧？這次我一定要請客，但是卻被朋友搶走機會，然後就覺得很不好意思。這時候必買品就派上用場了，抓幾個必買品放到櫃檯上，請客的朋友絕對不會拒絕這個好意。朋友因為請客心情很好，我因為送了禮物心情很好，總之就是這樣讓雙方當天心情都很好。現在知道我為什麼會說訂價要訂客單價的 10～20％剛好了吧？但很遺憾的是我們常在櫃檯旁邊看到的東西，價格都不怎麼親民。這些傢伙因為太貴，沒辦法成為代替飯錢的小禮物，才會一直賣不掉。在櫃檯旁擺放能輕易購買的商品是訣竅中的訣竅。

必買品

　　這間昂貴的港式點心餐廳因為二個原因，讓它看起來不貴。

　　1. 故事
　　2. 誘餌菜單

　　天啊，香港米其林三星主廚開的港式點心專賣店居然有 130 元的品項。

資料來源：添好運官方網站（www.timhowan.hk）

　　大家都知道燒賣通常一份賣170～200元，但是它居然用便宜20～25％的價格販售，所以說必買品的價格，愈是大家都知道的價格就愈有利。這樣一來它就是一個好用的誘餌。再加上晶瑩鮮蝦餃、鮮蝦菠菜餃等，第二陣營穩穩地在背後支撐，就會讓人覺得價格低廉。但是當你沉醉於這些便宜的價格，一份、二份慢慢地點下來，就會發現這家店絕對稱不上便宜。但是腦中的聲音會自圓其說：「其實這間店不貴啊，是我點太多了」。反而客人會這樣自我反省，我說這家店的老闆真的是再幸福不過了。所以餐廳天天大排長龍不是沒有原因的。

「到底為什麼免費？」

「當價格穿上對的衣裳時，它就會光彩耀人。」

天下沒有白吃的午餐。這句話通常被引用在許多故事裡。在商業領域中，尤其是提到價格的時候，數字是最重要的。今天也幫價格穿上數字看看吧？

申辦門號綁約二年就送手機殼、螢幕保護貼
申辦門號就送贈品（依方案與費率，贈品有所不同）

清州轉運站對面手機行以親切揚名全國，這是它貼在店外的標語。因為希望客人可以更幸福一點，所以就抱著成本上升的覺悟，送顧客禮物。我能理解為了顧客的這種難能可貴的心態，但是老闆錯失一件很重要的事情。那就是顧客以為「免費」真的就是「免費」，以為是從天上掉下來的。這是許多賣家會犯的錯，我問通訊行老闆：

「這些贈品是手機製造商或電信公司提供的贈送用品

嗎？」

「不是。都是我們花錢買的，螢幕保護貼一片230元，一年最多可以換五次，可以換二年。光是這樣就要2300元，還有透明手機殼是150元，這個也是一年最多可以免費換二次。等於提供顧客約600元的手機殼當作贈品。」

站在消費者的立場，因為可以拿很多贈品，所以很好。但是站在賣家的角度，這是個非常嚴重的問題。我能理解因為要拿著從同一個工廠製作的成品來到市場上跟無數的競爭者競爭，不得已出此下策。但是仔細想想，有一個方法可以讓顧客幸福感提升好幾倍，賣家也可以因此變幸福的方式。那就是在免費的東西套上數字。通訊行的共同目標如下：

1. 招攬新顧客
2. 讓顧客申請高額費用（營業目標）

但是目標卻與現實有點距離。在老闆的立場，雖然想讓利潤極大化，但是因為長期陷入只有打折才會成交的無限失血競爭中。即使有再好的方案，也沒有適當的手段與方法告知客戶。

這時候沒有其他的方法，只能親自上門感動顧客。不

是那種大放送式的贈品，而是要讓他們認知到這是賣家的投資。所以我建議將把一直以來免費的贈品，穿上數字的衣裳。

在 Naver Place＊及 Instagram 上廣受歡迎的餐廳「Awesome Rose」

　　這次我們把腳步移到首爾吧？如果搜尋位於新沙洞林蔭大道或弘大的義大利餐廳，這間餐廳應該會馬上跳出來——在 Naver Place 及 Instagram 上廣受歡迎的餐廳 Awesome Rose。

＊是韓國 Naver 公司旗下的搜尋引擎，於 1999 年 6 月正式亮相。它使用獨有的搜尋引擎，在韓文搜尋服務中獨占鰲頭。

「超級好吃，還送玫瑰乾洗手，非常感動！這家
店超用心，食物也超級好吃！！感謝招待。」
「瘋掉，也太好吃了吧。送的花、折價券還有乾
洗手，都超讚。」
「超級貼心的，最後還送花。」

　　稱讚、好評接連不斷。這家店當顧客吃完飯結帳時，
會贈送玫瑰花當禮物。不知道的顧客，收到意料之外的禮
物會嚇一跳。當時我也不知道原來一朵玫瑰花居然可以對
顧客造成如此大的影響。但是只有一件事我覺得有點可
惜，就是如果他們幫免費的東西穿上數字的衣裳……，於
是我拜託老闆：

　　「請幫玫瑰穿上 80 元的『價格』吧，絕對不能讓老闆
精心準備的禮物，就這樣被認為是免費的。要讓顧客知道即
使是免費贈送，那個東西原本也是有價格的。世界上沒有本
來就是免費的東西。」

穿上臺幣 80 元「價格」的玫瑰

我這樣跟餐廳老闆強調之後，櫃檯旁裝玫瑰的花籃及餐廳各處都擺放了「有標價的玫瑰」。

「這是 Awesome Rose 準備的玫瑰，贈送給來此用
餐的顧客。」

直到現在，這個想法在顧客的腦中已根深蒂固。

370元（義大利麵）＋0元（免費玫瑰）＝370元

但是如果將玫瑰穿上數字衣裳，事情會變得完全不一樣。

370元（義大利麵）＋80元（免費玫瑰）＝450元

但是支付的金額卻是370元，**價值80元的額外優惠，絕
對不能說是免費。**

反正這個花也不是為了賣錢，是為了讓顧客心情好所贈與的禮物。但是也不能這樣想喔，反正也不是販賣用，要不要就老實地寫上成本價30元？NONO！因為在顧客腦袋中，玫瑰價格基因是多少錢呢？

為了找出答案，我們需要勤奮地翻遍網路，找出一個不多也不少的價格，這樣策略才會奏效。請你想想看，如果

你是這家店的顧客，看到玫瑰上寫30元會比較開心，還是80元會比較開心？

　　不能只是贈送玫瑰給顧客，還要告訴他們贈品的價值。曾經標價是0元的禮物，將它穿上價格後，顧客現在一眼就看得出來他們能獲得多少優惠。顧客可以獲得的優惠，我們沒有必要藏起來，能展現得愈積極、愈多愈好。但是損失就是另一回事，愈少、愈沒有，顧客才會愈感到幸福。而且優惠是交易能不能成交的關鍵，所以必須積極幫它穿上數字衣裳，努力讓顧客知道才是上策。

　　你的賣場有多少免費贈品或服務呢？請仔細檢查一遍，並幫它們套上價格衣裳。你的免費服務現在正一絲不掛，請別再讓它們感到寒冷。

請大聲喊出這是 0 元

　　剛剛才請你不要強調「免費」，現在卻請你大肆宣傳0元？一定有人會這樣想，「這作家有問題吧？」沒有，從現在開始要公開另一個訂價策略，雖然是延續前文中提到的「Awesome Rose的玫瑰花」，但還是有些微的差異。我曾經在1990年代後半，到日本的電視臺實習過，用著不怎麼樣的日文能力，整天開會、拍攝、後製……半夜工作結束後，就像平凡的日本上班族，到車站附近的居酒屋喝啤酒，雖然生理上很疲倦，但是現在想想那時候是最幸福的。因為想著可以學習最新的影視技術，所以覺得一切都很新奇。

　　常去的串燒店旁邊新開了一家生啤酒店，店前面用很大的字寫著「餃子0元」。我毫不猶豫地進到店裡坐下，

　　「請先給我二杯生啤酒。」

　　我一坐下來就先點了二杯生啤酒。然後問，餃子真的是0元嗎？一盤也0元？二盤也0元？餃子無限供應嗎？是

開業活動嗎？

「不是，這是我們老闆的原則。」

後來才知道原來這是滿有名的連鎖餐廳老闆的策略。我一口氣喝下帶有小碎冰的生啤酒，然後掃視了一遍價目表。瞬間起了雞皮疙瘩。

「餃子180日圓」

那時剛好店員將餃子端到桌上，所以我又問他。現在贈送的餃子跟菜單上的餃子不一樣嗎？180日圓的餃子更多顆嗎？店員搖了搖手說，現在端來的這個餃子跟菜單裡的餃子是同一種。那瞬間我腦中的計算機停止運轉。

「生啤酒一杯350日圓，那我現在是花170日圓喝生啤酒，然後花180日圓吃餃子嗎？還是我是花350日圓喝生啤酒，花0日圓吃餃子呢？」

請再仔細地想一遍這個故事，雖然價格也是個問題，但是如果你是顧客，你會選擇這二個選項中的哪一個？

這個問題不僅可以用在訂價，在搭配套裝商品及折扣方案也可以派上很大的用場。

　　這次我們去書店看看，每到月底陳列櫃上總是放滿下個月的雜誌，每一間雜誌社都在雜誌前後附上贈品導致雜誌一本比一本厚重。這已經流傳已久，久到不知道是誰先開始的。一開始是附贈像化妝品試用品那樣輕薄的小東西，後來開始陷入競爭，競爭衍伸成戰爭。現在已經到了不知道是買雜誌還是買贈品的程度，有許多有魅力的東西會附在雜誌中。多虧有雜誌贈品戰爭，讀者們很幸福。反之，想賣更多贈品的賣家們，也陷入瘋狂的競爭中。

附贈化妝品的雜誌

　　讀者在看雜誌的附錄時做的第一件事就是價格搜索。現在的讀者在意的重點變成類似價位的雜誌，可以送多昂貴的贈品。比起雜誌的內容，消費者更在乎的是附錄的價格。這彷彿就像在暗示自營業的老闆們。

　　好的，從 0 元餃子還有價值 700 元的附錄，我們應該從

中學到什麼呢？我們必須比前文提過的「將免費提供的玫瑰，貼上80元的價格吧」更往前一步，那就是搭配套裝商品及訂價的祕密。目前為止，我們一直堅持以下方法：

1. 將類似種類的東西，好幾個湊成一組打折。
2. 將不同種類的東西，湊成一組打折。
3. 將有價差的東西，湊成一組打折。
4. 買一送一。

這都是非常常見的折扣策略，但是因為過於類似，所以消費者一點都不在乎。你不知道有像餃子0元這樣有魅力又有效果的方法並不是你的錯，因為沒有任何人教過你。我決定要撰寫關於價格的書，也算是想為老闆們指出一條明路。有些店的老闆生存能力很驚人，只要你去過一次，就絕對不會忘記。

好的，我們現在就往設計套餐的路走進去吧。

1. 要找到當我們說是0元提供的時候，顧客會幸福的商品。絕對不能讓顧客覺得因為成本便宜，所以可以隨便送沒關係。例如：蒸蛋、洗衣服務、多贈送免費通話30分鐘、保養護理等。
2. 說是0元的商品，顧客卻在明細表上面發現它有價格，這時候絕對不能說是免費。例如：幫輪胎充

氣、換眼鏡架螺絲等。

3. 請一定要將0元商品跟你想要推的主力商品綁在一起。例如：可樂＋爆米花、乾洗＋長度修改……。

4. 請將顧客會一直想擁有、可以持續購買的產品，與0元商品組成一套。例如：餃子＋生啤酒。

如果你的賣場裡值得強調的0元商品，是無法在一般的地方可以看見的非常特別的商品，那就沒有人可以超越你了。

A套餐＝洋酒＋水果＋下酒菜＋桃子＋冰沙＋運動飲料

從今以後當你要設計套餐的時候，請將這種方式攏總*丟掉，強烈推薦試著設計你的0元商品。如此一來，就可以大大吸引顧客的注意力。

---

*臺語「統統」的意思。

想一想！

請試著分析哪一種 0 元商品，最有魅力、最能吸引顧客反覆購買。

- 玫瑰花 0 元＋義大利麵 370 元
- 餃子 0 元＋生啤酒 140 元
- 客製化服飾修改 0 元＋西裝
- 洗衣機、電子衣櫥 0 元＋汽車旅館
- 手機 0 元＋三年綁約
- 自動芳香劑 0 元＋清潔劑補充包
- 低周波按摩機 0 元＋抗老化美容按摩
- 洗牙 0 元＋牙齒療程
- 電子衣櫥 0 元＋殯儀服務

重點是要像今天學到的雜誌附錄一樣「因為想要擁有贈品，所以買主要商品」。但是，請牢記這件事。如果主要商品的銷售量沒有因此增加，那麼 0 元商品也不過就是毫無想法地塞給別人的贈品而已！

不要折價，請多給一份

「老師，我真的很苦惱。我的店附近新開了四家
吃到飽。」

木洞有間不錯的韓牛餐廳，店長哭喪著臉跟我說。因
為CP值高的品牌，接二連三進駐到該商圈。如此一來，已
經先站好位置的元老們就開始頭痛了。

1. **我也要挑戰開始賣吃到飽。**
2. **折價。**
3. **創造價值與格。**

我忽然腦中冒出這三種方案，但沒有經驗就跳進吃到
飽是非常危險的。最近很紅的吃到飽連鎖店，一開始在企劃
的時候就已經徹底將成本仔細分析過了。他們有許多資料，
無論是每人平均攝取量、時間段、肉品部位和翻桌率。這意
味著即使後來進駐的品牌，帶著更厲害的食材、噱頭進到同
一商圈，我們也要做好與他們對決的準備。在這種情況下闖

入吃到飽戰爭，一不小心可能連既有客群都保不住。

　　人類是一種充滿好奇心的動物，而且非常喜歡「新產品」。如果常去的商圈有新的品牌，大家會忍不住好奇。為了想嚐鮮一下，一定至少會去一次。如果符合期待，就會開始與過去的愛店比較；如果達不到預期，就會說舊愛還是最美，並回到常去的店。但是進駐的店是以吃到飽聞名的店，與這種「選手級」的店為敵，過於倉促地進擊會很危險。那麼，第二個方案「折價」呢？還不錯。

　　但是你需要一個明確的理由，例如慶祝開業三週年、達到五萬位客人的感謝祭等。因為顧客很吃有理由及用途的這一套。如果我們提出的「原因」可以銜接到顧客的「需求」，那麼自然就可以形成交易，但是如果提出的原因很糟，那乾脆不要提還比較好。給你看一個常見的句子。

「打七折」

　　請問你最先想到什麼呢？賣家人真好？經濟不景氣，體恤顧客？錯！人類習慣直覺性思考：

1. **保存期限快過了。**
2. **賣不出去啊。**

　　因為經驗法則，讓我們可以用簡單的判斷，將複雜的作業單純化。闢出一條思考捷徑，大特價也是一樣的情況，很少賣家會賣東西賣得好好的，突然弄一個大特價。消費者們透過過往經驗，知道通常特價是當產品過季、不受歡迎、客人減少、賣不好的時候才會使用的行銷技巧。就是這個原因，所以即使打折也需要適合的名分。

　　但是我們也不能坐以待斃，這樣下去會不知不覺地被顧客遺忘，還可能導致最後關門大吉。一想到這些就睡不著。

1. **買二送一。**
2. **消費滿1500元以上，顧客能獲得相當於商品價格10%的贈品。**
   消費滿3000元以上，顧客能獲得相當於商品價格20%的贈品。
   消費滿4500元以上，顧客能獲得相當於商品價格30%的贈品。

　　這是為了生存的緊急策略，請切記這是當面對非常強大的敵人時，才能使用的猛藥。好，買二送一。我用單價230元的商品舉例。

　　原本三件價格為690元，現在買二送一價格為460元。雖然產品單價為230元，但是現在一個賣153元，就算是每

個產品折價77元。

假設每個產品的利潤為50%，也就是115元，如果是打折前可以獲得115×3＝345元的利潤，買二送一的話只能獲得二個，共230元的利潤。

這時候很容易就用單純的想法，認為損失115元。但是冷靜下來想想，這並不是損失，只是少賺而已，但並沒有東西消失。即使因為買二送一，但成本還是115×3＝345元，只不過是利潤縮水了而已。

我覺得比起失去原有的客戶，這個方法還比較好。產品與服務只要單價愈高，成本愈低，這種送一的行銷方式就愈會有幫助。如果是不符合這種條件的產品，比起送一，用累積販售額提供贈品的方式更有利。我們從上面三種方案中，選擇一個適合的吧？

如果生牛肉售價是2900元，獲得支付金額20%的贈品，也就是提供售價580元的生牛肉當贈品。反正如果顧客都被吃到飽業者給搶走，想實行這個策略都沒辦法。但是如果努力學習訂價，然後投資一定程度金額，就能讓常客願意繼續來店。售價580元的生牛肉，它的成本是售價30%，也就是174元。現在已經到最後防線了，因此無法坐以待斃，決定要每3000元的銷售額都投資個180元。當然也會

有人懷疑已經投入吃到飽懷抱的顧客，會因為區區一盤生牛肉就回來嗎？沒關係，如果是我，比起什麼都不做就倒下，還不如想辦法多接一組客人。最終有毅力的人才會獲勝。計算到最後、投資到最後、緊抓著不放的人才會生存下來。

我想拜託每天上戰場奮鬥的戰友們。價格被摧毀過一次，就再也無法挽救了。為了在戰爭中獲勝而降低價格，從那時候起顧客就會以降低的價格為基準。如果以後把價格漲回來，他們會有所抗拒。最後就會全盤輸光光，而且你知道還有一個重點嗎？那就是顧客會開始懷疑品質，顧客原本就充滿疑心了，我們還免費附上他們懷疑的藉口，請一定要守住馬奇諾防線（Maginot Line）。當價格崩塌，格也會跟著崩塌，顧客對於你的產品與服務的信賴也會崩塌。為了守護好自尊心與格，用提供累計金額送贈品的方式投資看看吧？顧客們會想要你的產品與服務，難道不是因為你那麼努力用高品質守護下來的「格」嗎？

我為什麼會在最後一個方案提到價值與格呢，那是因為我想跟你說，不是所有的顧客都喜歡吃到飽與低廉的價格。這也是我最強調的內容，顧客會依照他們的水準消費，薪資水平在全國前1%的人，比起吃到飽，他們會更喜歡精緻餐飲。因為雖然價格昂貴，但是比起吃到飽，高價賣家有著更好的格與細節。有趣的是，其實這些人對免費二字也毫無抵抗之力。所以我強烈地建議，請根據消費累積金額提供

免費服務（但是一定要標明價格）。顧客可以享受好待遇，同時也獲得免費的東西。因此即使有人拿著名為最低價與吃到飽的武器衝進你的店裡，請重複強調價值與格。不小心順應著潮流加入混戰，只會害得自己陷入危機。要專注於競爭者不做的事、做不到的事，才會有贊同你的顧客找上門來。

「希望你即使降低利潤，也不要降低價格。」

想一想！

送一的行銷方式需謹慎。

　　怎麼組合顧客可以得到的好處，左右送了一行銷的成敗。如果組合產品是一些價格計算起來複雜，或是一些價格明擺在那邊的產品，那麼顧客不會吃這一套。最適合用送一策略的東西是市場上供給多到溢出來的傢伙，因為它的價格已經揭露，加上供給過剩的情況下，送一行銷的效果會非常卓越。

　　想想泡麵就很容易理解。泡麵三天兩頭就推出新產品，數十種的泡麵在市場上角逐。這時候使用的策略就是送一策略。買一送一最能發揮作用的時候，就是需求不怎麼高的東西，也就是消費者們沒什麼興趣的東西。新開發的水龍頭、黏著劑、水管、低周波按摩器等，雖然不是馬上需要，但是如果擁有的話人生可以多一點樂趣與便利的產品，對這些東西來說是非常有用的策略。

　　在電視購物很常使用送一技術也是因為這個原因。你家中堆積的電視購物商品，很多都是因為這種策略造成的。你明明現在沒有馬上需要，但是因為受到送一的刺激，於是不小心就下單了。電鑽、只要揉一揉就可以變成膠水的黏著

劑、浴室清潔劑、面膜、乳霜、暖暖包、砧板……我打賭要
不是這些東西是買一送一，你也不會購買。送一策略非常可
怕，你問為什麼？因為人類會將支付總額依照商品數、優惠
數平均相除。明明沒有人叫我們這樣做，但是大腦卻自動幫
我們計算。

「買二送一是990是吧？那麼單價就從495，降低成
330了耶。」

所以說最終販賣價格要是可以輕易用產品數量相除的
價格。

2＋1，就要用3的倍數；3＋1是4的倍數；4＋1是5
的倍數，這樣設計價格顧客才會跟得上。

Tip
送一策略也適用於利潤好的產品與服務，奶粉、尿布、衛生紙等，送一策
略在種類繁多、品質類似的產品群，也是能吸引注意力的好技巧。
你的產品適合用送一策略嗎？還是適合依據消費累積金額送贈品呢？

溢價訂價策略
(Premium Strategy)

　　一直到國中我都超級討厭跑步，因為跑到心臟都要炸掉了名次都還是倒數。既傷自尊心，成績也不好看。但是某一天體育老師這樣跟我說：

> 「你不要想著100公尺是終點，而是想著120公尺
> 是終點，跑跑看。」

　　而這現在也是我人生的鐵律：

> 「別人認為的結束並非是你的結果，再多走20%
> 吧。」

　　其實一開始要養成這個想法並不簡單，因為只會覺得終點看起來更遙遠，要花的力氣也更多。但是只要經歷過一、二次，看待跑步的觀點就改變了。因為想著要跑的比起別人認為的終點更遠，姿勢就得改變。不只是跑步，我的成績也是從那時候開始進步。準備學測的時候也是、準備媒體

從業人員考試的時候也是、從副導演變成導演的時候也是、美食專欄作家的時候也是、成為暢銷作家的時候也是⋯⋯還有現在在經營的「做生意靠策略」、「做生意靠內容」、「做生意靠價格」學院，一直是抱著這樣的信念走過來的。用這種態度生活最好的優點是，在準備120%而不是100%的過程中，我的「格」不知不覺地變高了。

　　在本書開頭我跟你提過「線」。我最討厭的話就是「這樣就夠了」。我真的非常厭惡這句話。所以當超越別人認為的100%界線，你不知不覺就會脫穎而出，然後受到關注。

月尾島「MeToo 咖啡」甜點套餐

上頁圖片是月尾島 MeToo 咖啡老闆在「做生意靠價格」課程中的作品，一組價格 750 元。不用商品或產品這些名詞，而是使用作品稱呼它，是有原因的。居然有在金色杯子中撒上金粉的拿鐵，而且還不是家裡附近的咖啡廳，是位於約會聖地月尾島。月尾島是青春洋溢的青年們聚集的場所，他們在這騎鐵道自行車、玩著名的機動遊戲「Disco 碰碰」，在天臺拍照留下紀念，並將這一切好好地收藏在回憶相簿中。

在這種地方生存的咖啡廳，不可以是到處都可以看見的普通咖啡廳。於是老闆想設計出絕對不會被忘記、有話題的菜單。因為想讓品嘗拿鐵套餐的顧客可以獲得極致的幸福感，於是這個作品就這樣誕生了。大部分的人聽到這種提案都會回答「太貴了吧……」、「誰會花那麼多錢買這個喝？」、「一天可以賣幾組？」這類負面的回答。腦海中一直有一隻懶惰鬼在說不要做啦、很累欸、如果失敗怎麼辦。所以我想到的方案就是 120%。

「即使一天只能賣二杯也好。」

為什麼偏偏是二杯呢？好的，以下我要開始分析囉。

假設一天平均來客數為 210 人。
平均客單價為 170 元。

前文中提到的新菜單一組750元。

■ 原有菜單的銷售額：

210人×170元×365天（全年無休）＝13,030,500元

■ 新增新菜單後，日販售量約為二組

208人×170元×365天＝12,906,400元

＋2人×750元×365天＝　　547,500元

　　　　　　　　　　　　————————————

　　　　　　　　　　　　13,453,900元

　　　　　　　　　　　　－13,030,500元（原銷售額）

　　　　　　　　　　　　————————————

　　　　　　　　　　　　423,400元（新增銷售額）

這樣計算完之後，忽然想要每天賣三組：

207人×170元×365天＝12,844,350元

＋3人×750元×365天＝　　821,250元

　　　　　　　　　　　　————————————

　　　　　　　　　　　　13,665,600元

　　　　　　　　　　　　－13,030,500元（原銷售額）

　　　　　　　　　　　　————————————

　　　　　　　　　　　　635,100元（新增銷售額）

不是區區42萬、63萬的問題，還有比增加的營業額更

重要的原因。如果還不明白為什麼要做出120%的努力，那我也沒辦法。但是經由這個過程，你的想法與點子可以進化，自然而然變得高級。

格與級並非一蹴可幾，如果有超越平均值的VIP顧客來到店裡？如果有超級有名的有錢人預約要來呢？

大腦在做了這些假設之後才會開始運作，當開始尋找可以滿足的方案時，創意就產生了。而且這是一件多麼有趣的事啊？為了增加營業額、將利益最大化而想出這些作品，而多虧它們，我們可以獲得更高級的產品。我拜託大家，不要再把自己埋在競爭者之中，被埋沒就只有消失一條路。

想一想！

　　大部分的人都因為擔心如果賣不出去怎麼辦，結果還沒開始就放棄。這樣是最可惜的，會賣不掉是因為沒準備、沒開始賣，如果開始賣了就一定賣得掉。這時候使用的技巧是限量。

　　「一天限量三組。」

　　都想出一個新點子了，那就要一次提高20％的營業額啊……這種想法只會讓你感到疲憊。一步一腳印，最終可以走出120步。即使一天只有一位顧客也好，反正你的作品可以搭著社群軟體這艘船，被傳得遠遠的。如果消費者想要體驗目前世界上沒出現過的產品，他們會一個二個地找上門。醫院、飯店、補習班、租賃業、通訊業、美容業……現在只是因為你還沒跨越過那條線，才沒辦法感受到需求。

　　從現在開始請準備越線，並且用120％的力量奔跑。就像Dyson、iPhone一樣。

用高價商品提升價格

　　有很多自營業老闆想要漲價，因為他們認為比起自己的努力，產品收取的價格太低了。我無條件贊成這件事。你認為在眾多的老闆之中，有幾位可以依照自己的想法收取價格呢？在要考慮競爭者又要顧慮消費者的情況之下。結果就只能收最底限的價格，這就是現實。

　　請你抬起頭來看看你的價目表，是不是充滿怨氣。如果是沒有競爭者的品項、如果是全世界只有我可以提供的商品或服務，那就可以收比現在多二倍的價格……。所以，我在這裡建議你去一個沒有競爭者的地方。

　　但是這並不容易。所以我準備了，你想收多少價格，就收多少價格的方法。這裡有一個價目表。

■ 麻花捲　　　　20元　　　　■ 吐司　　　　　30元
■ 鮮奶油吐司　　40元　　　　■ 法式吐司　　　50元
■ 明太子法國麵包 60元　　　　■ 披薩麵包　　　70元
■ 巧克力慕斯　　80元

　　顧客在看完這個價目表後，很可能會選擇中間價格的商品。當然他們也會依照個人喜好選擇，但是不管是哪一種商品或是服務，在面臨多種選擇時，消費者會本能性地選擇中間價格。大中小、上中下、123……。有套餐的中式餐廳、日式餐廳、韓式餐廳，大部分也都因為怕訂成最高價會有損失，而訂成最低價絕對不是好辦法，於是都選擇訂成中間價格。這都是因為人們會認為比起高價或低價，中間價格是一種較安全的價格。有趣的是明明沒有人教，但是有許多人會用將最高價與最低價相加除二的方式訂出中間價格。讓我們一起來看看這些常見的價格吧？

550（　　）350元

　　請問括弧中的價格要填入多少才適合呢？你會在無意識中回答450元。要再試一次看看嗎？

380元（　　）180元

　　這次應該也會自然而然地回答280元。簡單地想是各差100元，但是，這個價目表有個驚人的祕密。

　　（高價＋低價）÷2＝中間價格，請你算算看對不對吧？

$$(550＋350)÷2＝450元$$
$$(380＋180)÷2＝280元$$

這個算式很有趣吧？自營業老闆們大部分都這樣訂價格並非偶然，實際上在訂價的時候，沒有人會將高價加低價然後除以二，得出中間價格，然而結果卻差不多。

那讓我們再回到麵包的部分，價格區間從20元到80元，$(20＋80)÷2＝50元$，明明不是故意計算價格後做選擇，但是自然地50元的品項會賣得最好。這間麵包店的老闆最近有許多煩惱，雞蛋、麵粉、糖、奶油、起司……，沒有一個東西不漲的。如果繼續用原本的價格賣就沒有利潤，但是如果漲價的話，感覺客人都會走光。真的是壓力山大。

我想送給每一位有這種煩惱的人一個禮物：

「請再訂出一個比80元更高的價格。」

放心，我不是傻子，不會沒想過就漲價。我將提供有史以來最優惠的價格，而且增加更多選項供顧客選擇，但不是提高現有產品的價格。這個訂價策略有二種效果，一種是提高客單價，並同時提升產品品質。這是常識。想要收取更高的價格，就需要用更好的材料或展示更厲害的技術。品質就是這樣建立出來的。

　　請想想看。最高價為 80 元的品牌與最高價為 120 元的品牌，顧客會認為哪一個品牌的品質更好呢？沒錯，消費者傾向於將價格與品質畫上等號。他們認為昂貴的產品比便宜的產品，更能保障好品質。如果想讓顧客認為你的品牌是能提供最高品質產品與服務的地方，請增加最高價的品項，這種方法是最快、最有效的。

- 麻花捲 20 元
- 吐司 35 元
- 鮮奶油吐司 40 元
- 法式吐司 50 元
- 明太子法式麵包 60 元
- 披薩麵包 70 元
- 巧克力慕斯 80 元
- 墨魚麵包 90 元（新增）
- 培根乳酪麵包 100 元（新增）
- 豬排三明治 110 元（新增）
- 手工歐姆蛋漢堡 120 元（新增）

　　在價格表增加四種高價位的產品，選項變多了。**因為新增的選項，原本為最高價的 80 元商品，看起來比較便宜了。**如果是你會選擇哪個價位的麵包呢？在看過一遍價目表的人，有很高的機率會選擇中間 70 元的品項。這就是重點，想要提高平均售價？請在價目表上加上最高價格。如果販售

數量相同，銷售額會增加，利潤也會跟著增加。

　　假設淨利率一樣是 20%，賣 70 元的麵包比賣 50 元的麵包更加有利。因為利潤從 10 元變成 14 元。如果單純只比較利潤，更是成長了 40%。但是，我們通常都只想著要將既有產品的價格調高，不怎麼重視用創造新產品重新打造最高價的方法。相信你現在應該可以理解為什麼世界級的知名企業都如此重視推出新產品了。每當推出一個新產品，有一個不變的原則：新產品都會比現有的商品還要如何？貴。藉由推出新產品，讓顧客知道我們是有更厲害技術的品牌，也藉由高價策略，提高了中間價格。

　　這次我們來當賣滑鼠的老闆吧？現有產品的價格如下：

　　300元　400元　500元　600元　700元　800元　900元

　　你會選擇哪一個呢？沒錯，600 元的滑鼠最暢銷。在服裝、餐點、住宿、運動、醫療、殯葬、遊樂園、酒類等，不管是在哪一個行業都差不多，雖然付費能力強的人會選擇超高價產品，但是普通消費者通常會著迷於中間價格。所以，我們再次調整價格一下：

300元　400元　500元　600元　700元　800元

900元　1000元　1100元

　　消費者因為不想損失太多，也想保障品質，因此這次會選擇700元的產品。收益增加，才能確保有利潤。我之前出過的書籍《做生意靠策略》、《做生意靠內容》介紹了如何快速、大幅度增加營業額，現在則是想要介紹如何增加利潤。不是跟別人一樣的價格，而是可以同時讓顧客滿意，老闆也幸福的價格。如果可以做到，就可以減少消費者的心理負擔與購買阻力。所以別忘了這件事，如果想要賣得愈多、賺得愈多，就必須好好地製作高品質與高價位的產品，並且好好地安排到價目表上。請成為比競爭者更受顧客喜愛的有品味的老闆，這是我送給這本書讀者的特別禮物。

讓看不見的東西被看見，
讓聽不見的東西被聽見

　　幾天前我看完一則廣告後大哭了一場，雖然有可能是因為年紀變大，女性荷爾蒙增加的緣故，但是這則廣告真的對教導學生如何訂價的我帶來很大的衝擊。主角金昭熙是位聾啞人士。廣告開頭就用「我的名字是金昭熙」的字幕搭配上用手語打招呼的畫面，接著她的姐姐出現並說：「當我請她寫下最想要的東西的時候，她表示想要聲音。」嗯？這個廣告不尋常喔……我迅速地沉陷其中。

KT 的智慧音箱廣告中登場的金昭熙小姐

「智慧音箱用人工智慧合成技術送她聲音。」

「終於智慧音箱也開始廣告了」當我這樣想的時候，發生宛如奇蹟的事情。使用手語的金昭熙出現，但是這次聽的到她的聲音。我的天，居然創造出聲音。利用聲音合成技術贈與金小姐聲音。看著金昭熙小姐一字一字地叫出家人的名字，我跟家人忍不住流下眼淚。之後出現手機，按下寫著昭熙二個字的按鈕後，手機就像是自動翻譯機一樣，用她的聲音念出字來。

我突然有了這種想法：

「這支手機即使賣1000萬也會有人買。」

如此感動的瞬間，居然還在講價格。我太誇張了嗎？但是對於價格狂熱的我而言，這真的是一大衝擊。過去三年我煩惱價格的基本問題，這個廣告幫我解決了。這天KT推出的「聲音合成技術」是世界上不存在的技術。直到它正式登場之後，人們才覺得「啊，對啊！這才是我們真正需要的技術！」這個令人感謝的發明必須絞盡腦汁才做得出來，這是在這個巨作誕生之前我們無法想像的事情。

真正的技術會吸引人群，成為絕對值得的價格。如果能讓你的產品與服務展現出之前從未展現的高度，發出從未

聽見的聲音，那麼，它將成為無可比較的事物。

你應該很常聽到「經商之答藏於顧客的痛苦之中」這句話？找出顧客的不方便、不安、危險、痛苦，提供解決方案的公司會十分耀眼。金昭熙無法講話的痛苦，KT的智慧音箱幫她解決了，這門生意就會成功。而且需求多供給少，可想而知它的價格會比之前的智慧型手機都還要貴。但是如果KT把它的價格訂得跟一般手機差不多甚至更便宜，那麼KT就會倍受稱讚與尊敬。

這世界上有二種痛苦與不舒服，我知道的以及我不知道的。別人有但是我沒有而感受到的痛苦與不舒服，很容易就會顯露出來。但是別人不知道我也不知道的痛苦或不舒服，不會輕易浮上檯面，要有人告訴我之後才會有所認知。所以如果要更仔細的說明，經商之答並非藏於痛苦之中，而是藏於痛苦與需求之中。用痛苦與不舒服這二個詞，很容易讓人聯想到很負面或是很痛的感受，但真正嚴重的痛苦或不舒服，是藏在「損失」裡。因為交易，產生了損失？錯過時機，產生了損失？因為遇到錯的人，產生了損失？無論是誰都一樣，會因為產生損失而感到非常不舒服且痛苦。

還有，懷疑某個人或某件事，也會非常地不舒服。事先讓顧客感到安心就可以解決的事情，卻常常有因為拿不出證據反而招人懷疑的情況。這種懷疑對賣家而言是致命傷。

　　如果沒辦法將顧客的疑心變成安心，你就無法名正言順地操作價格，所以要消除顧客不知道的痛苦、不舒服、損失、疑慮。當你消除愈多痛苦、不舒服、損失、疑慮，並且讓他們感到安心，價格就能愈往賣家靠攏。主導市場的價格也是這樣創造出來的。我們一直都在追著別人的價格跑，是因為要看人家臉色。而且也不知道該做什麼、怎麼做，只好追隨先進入到市場、前人的價格。現在，是擺脫這個枷鎖的時候了。

普通的生魚片及「展露於無形」的生魚片。

　　我在課堂上給學生看這二張照片，學生都會驚訝地張大嘴巴。他們一下就理解「展露於無形」的意思，當他們看到左邊生魚片的照片時，反應很普通。

　　「感覺很好吃……但這是哪個部位啊？話說回來這是養殖的？還是野生的啊？」

　　但是如果你拿了一張他們以前沒有見過的照片，比如右邊的那張給他們看，價值會急速上升，疑慮也會消失。價格呢？因為沒有可以比較的對象，所以愛開多少就是多少。

「酷欸！第一次看到這樣的擺盤。到底怎麼想出
　這種點子的？」

　　第二張照片的生魚片店，因為想有與競爭者不一樣的區隔，所以做出這種選擇。在這樣的努力之下，不管是有意無意，都間接消除了顧客的疑慮，還可以平息這片生魚片是哪個部位的這種小爭論。而這樣的擺盤也在韓國生魚片歷史留下一筆。

　　學設計的人應該知道，顛覆世界的設計是藉由單一、複雜不斷循環之下重新誕生的。而設計，則是省略和簡化真實事物的過程。但是這是一般級別的設計師的想法，比他們更厲害的設計師，會在省略過後的最簡約設計上加一個東西。復原某部分，讓原本看不見得東西可以稍微顯露出來。

原始 — 省略 — 設計 — 修復部分省略掉的地方

省略線並在尾端加上 USB 的滑鼠。

　　這是世界上獲得最多獎項的滑鼠。無論是誰第一次看到這個滑鼠，都會陷入它的魅力之中，並露出微笑。世界上有哪一款滑鼠可以讓消費者露出笑容？去掉線之後加上尾巴，原本需要透過與電腦連接的線來維持生命的滑鼠呼喊著自由。再加上如果將尾巴拔起來，它還會變成 USB，可以連接到任何一臺電腦上。這是達到出神入化境界的設計師所使用的技能。將已經刪除的內容再次叫出來，由此創造的新功能能消除顧客的不方便。把理所當然的有線變成無線，讓顧客產生先前不知道、但現在知道有這個好用產品卻還未擁有的不適感。因為在這項技術誕生之前，沒有人需要它。

　　你問這個滑鼠的價格是多少嗎？看創作者囉。這種設計作品的價格，創作者開多少就是多少。如果想創造出這世

界上沒有的夢幻價格，就要讓看不見的東西被看見、聽不見
的東西被聽見、摸不到的東西被摸到、聞不到的東西被聞
到、嚐不到的滋味被嚐到。然後做得到多少，就可以比競爭
者賺得更多。聲音、生魚片、滑鼠……，能讓顧客享受多少
現實中從未有過的想法或點子，價格就可以調漲多少。

想一想！

　　感性可以創造出價格。我們之前一直沒發現這個需求，直到有人開發出這些天才產品。如果買過一次下圖這款紅酒，下次開始就會覺得其他紅酒很不方便。以下是當你購買商品（左），會需要的東西（右）。

肉 → 鹽巴
快遞的包裹 → 美工刀
咖啡 → 杯子

附紅酒杯的 PUDU 紅酒

　　如果可以提前為顧客準備好，就可以減少他們在購買後、使用前需要的後續行動，這當然也可以變成控制價格的力量。

價　格

價值＋格
＋展露於無形
＋消除痛苦及不方便

PART 5

替價格披上衣裳

가격에 날개 달린 옷 입히기

想創造出
世界上沒有的價格嗎？

　　價格揭露的速度如果太快，讓顧客說出：「啊，原來這個東西是這個價格啊。」然後開始把你的產品跟其他人做比較，那麼你的價格就會被繫上枷鎖，被強制進入一種難以擺脫和烙上烙印的狀態：蕎麥冷麵是多少錢、補習費是多少錢、剪頭髮是多少錢……類似這樣。這就是我所說的「分子干涉法」，這個方法就是將價格細分成分子，價格分子們互相結合、干涉，就可以產出完全不同、無法想像的產品與價格。

　　這個「思考法」非常簡單。將你的產品或服務寫下來，並羅列最先聯想到的七個單字。好，請閉上眼睛十秒鐘，在腦中寫下蕎麥冷麵這個單字。不要去想一串文字，而是要浮現出畫面的單字，這樣效果才會加倍。

我想到的是這些東西，你的想法有可能跟我一樣，也可能不太一樣。即使不一樣也沒關係，把這些想到的一個一個地再進行二、三個二次聯想。但是請將第一個主題拌麵刪掉，只用聯想出的七個單字進行二次聯想。用第一個單字蕎麥聯想時，排除蕎麥冷麵，只要寫下想到「蕎麥」二個字時會想到的畫面。

　　從現在開始是重點，你可以創造前所未有的產品、服務和價格，這取決於將每個分子組合成創意點子樹的方式有多奇妙和自然。神奇的事情只要試過一次就會上癮。

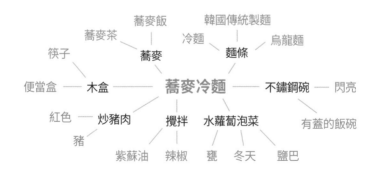

挑選一個單字，並將它與周圍的單字配對。（挑選一個黑色單字，將它與周圍的紅色單字配對。）我們從由冷麵聯想的第七個單字「木盒」來組合看看吧？

木盒＋蕎麥茶、木盒＋蕎麥飯、木盒＋鹽巴、木盒＋紫蘇油、木盒＋辣椒、木盒＋豬、木盒＋筷子

已經有一些有趣的點子了。超越開發與進化的次元，創造從未有的價格。如果這時候不停苦惱想要發揮創造力，頭腦只會變得軟綿綿無力。用木杯盛裝蕎麥茶、木製便當盒裝蕎麥飯、木製鹽巴筒、木製紫蘇香油容器⋯⋯。可以想出無窮無盡的各種新產品或服務。只需要十分鐘就夠，我藉由這個創意點子樹想出了以下幾種組合：

- 辣炒豬肉＋蕎麥飯
- 在有蓋子的不銹鋼碗中裝蕎麥麵
- 甕裝蕎麥冷麵
- 鹽味蕎麥冷麵
- 辣椒蕎麥冷麵
- 石鍋拌蕎麥麵
- 豬肉蕎麥冷麵
- 木盒蕎麥冷麵
- 蕎麥冷麵便當
- 冷蕎麥茶＋蕎麥飯

- 春季蕎麥冷麵、夏季蕎麥冷麵、秋季蕎麥冷麵、冬季蕎麥冷麵
- 木盒水泡菜

　　這些驚為天人的點子讓賣家和買家都興奮不已。為什麼？這是他們從未有過的體驗，以前經歷過的沒辦法給出太多的刺激，很平淡、不那麼有趣。但是如果是他們從來沒有體驗過的事情或組合，這就是另外一件事了。你就像是送給現有的顧客及未來要來光顧的顧客一份悸動。要心動才會想觸碰、想獲得、想體驗看看、想擁有、想購買。如果是顧客想買、想要的東西，價格也就比較不會被限制。

　　把辣炒豬肉和蕎麥麵裝在比不鏽鋼碗還大二倍的大盤子（一定要有蓋子）；把排骨放在甕裡；把水泡菜蕎麥冷麵裝在甕裡；只放一點鹽巴與油的拌麵；擺滿醬醃辣椒的蕎麥冷麵；不是沾蝦醬吃的豬肉，而是拌醬吃的豬肉；像日本拉麵的叉燒，用一大片薄薄的豬肉蓋滿蕎麥冷麵；把蕎麥冷麵裝在類似飯盒的木盒中；用香氣濃郁的蕎麥茶代替綠茶，並將它澆入蕎麥飯，做成湯泡飯。可以想出這些世界上還沒有出現過的產品。你說為什麼要這樣嗎？對，沒錯，是為了價格。

　　資訊量太大時，現代人很容易迷失其中。會頭痛，因為如果選擇其中一個，就必須丟棄其他的，這就是為什麼大

家會如此慎重。我再強調一次，消費者只為他們好奇的東西、他們想嘗試的東西及他們想買的東西付費。洗衣業、運輸業、住宿業、租賃業、購物中心，不管是哪一種行業或工作型態，請再試一次看看。你將會獲得神祕的經驗，以及感受到創造價格的快感。

想一想！

請畫出屬於自己的創意點子樹。

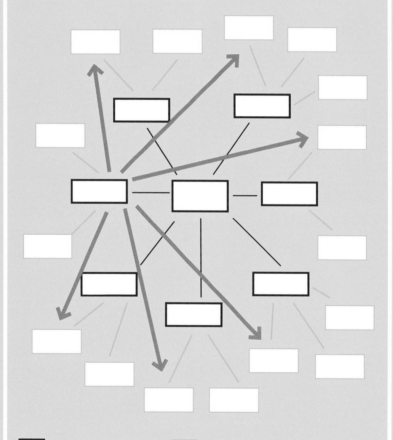

☐ 代表商品與七個聯想詞 ☐ 與七個聯想詞有直接關聯的詞

➔ 七個聯想詞與關聯詞的隨機組合

找出能提高價格的用詞

　　沒有東西比價格更微妙了，「打在鼻子上就變成鼻環，打在耳朵上就變成耳環*」。價格像八色鳥一樣華麗，又可以像變色龍一樣隨意變化，它真的非常有魅力。

　　「蛤？生牛肉拌飯要550元？」

　　顧客看到一樣的品項、一樣的價格，卻有不同的反應。

　　「不都差不多這個價錢嗎？」
　　「有點貴欸……，但應該是有理由的吧。」
　　「唉呦，我只是不想花自己的錢買。如果有人要
　　請客，我當然會跟著去啊。」
　　「哇塞，這是怎樣啊？這種價格，我們這種平民
　　想都不用想……。」

---

*韓國諺語，暗喻一種主觀的世界觀，即所有事物都可以根據每個人的主觀判斷來使用。

如果可以將這麼分歧的意見合而為一呢？如果可以創造出與所得水準無關、誰都可以買的價格呢？因為以上這些原因，價格被稱為作品或藝術。

不會被任何人指指點點的價格、能被充分理解的價格、雖然有點小貴但還是有意願再訪的價格……希望可以創造出滿足最多數人、讓人們覺得獲得最多幸福的價格。希望你可以創造出華麗且令人開心的價格，為消費者帶來愉悅並為你帶來最大的利潤。

價格穿著數字衣裳，也穿著形容詞衣服。這裡有一碗幾乎每天都會在飯桌上看到的湯，消費者為你盡心盡力所訂出來的價格，依照自己的標準裁剪。

便宜　普通　貴　比想像中還貴　超貴

消費者日益聰明，為了說服他們，我們需要創造一個讓每個人都滿意的價格。雖然幸福的價格出自於產品或服務的數量和品質，但說實話，它來自於「單字」。

「豆芽湯、大醬湯、韓式明太魚湯……有沒有什麼更高級的單字可以用來形容加許多水煮出來的『湯』呢？」

你說煲湯嗎？叮咚！沒錯。對，另外還有鍋這個字可

以用。文字真的很神祕，有許多「價格用詞」。我很自豪我們跟只會寫「湯」的人相比，會寫更多「商業」的用詞。如果能用敏銳的語言能力，為價格披上適合的形容詞衣裳，價格就隨你創造。

有一天，有位上過我的課的學生來找我諮詢。

「我從凌晨就開始煮肉、熬湯、製麵，端出安東麵條（這家店賣的是安東麵條而非一般的麵），常常聽到好吃的讚美，但也很常聽到覺得貴的評價。」

我感到痛惜。當你用最好的材料製作，卻聽到這樣的評價，會讓人感到失落。這家店賣的是慶尚道兩班*階級的代表性食物安東麵條。價格是一人份260元。這位老闆認為既然賣的是貴族們吃的麵條，而不是一般的麵，應該可以賣到這種價格。覺得貴的人通常都是用普通的170~200元的麵店來比較。反之，這間店的老闆則是把自己跟一碗安東麵條賣350元的競爭者做比較。但是卻又不能因為覺得委屈，所以緊追在顧客身後，要求他們改變對菜單和價格的判斷。有適合這種時候使用的策略，那就是再定義法（否定原本的

---

*兩班為韓國古代朝鮮貴族階級，兩班之下又分中人、常民、白丁和賤民，現今則形容受過高等教育、出身良好或擁有很高社會地位的人。

定義）及重新命名法（改名）。當有許多顧客認為價格偏高
的時候，使用這些方法可以馬上見效，它算是一種緊急處
方。藉由轉換價格、分量、外觀和提供服務的方式，我想著
要幫他提升營業額與利潤，煩惱好幾天後，決定送他一個禮
物，也就是使用「價格用詞策略」。

> 「老闆，既然沒辦法拋棄主要菜單安東麵條，那
> 就新增一個菜單吧，就叫貴族麵條燜鍋。」

有許多人想著要漲價，就不分青紅皂白地將所有菜單
大改造或同時將所有品項都漲價，但是漲價其實需要耐心。
要找到那條顧客不會放棄交易的界線。這間麵店是個好例
子。他好好地找出顧客的反抗線，並階段性的漲價。

麵 → 安東麵條 → 麵條燜鍋

沒有人能否認安東麵條四字比單純的麵條看起來更厲
害，問題在於單位與標準。因此我需要幫這家店的價格盡量
丟棄掉消費者會覺得昂貴的形容詞衣裳，並幫它穿上新的衣
服。我建議老闆將一直以來都在廚房中組合好的麵條分解開
來，在龐大的燜鍋中放入二人份的高湯、麵條、肉及配料，
讓它上桌時看起來很豐盛。規定一次兩人份起跳，價格則非
$260 \times 2 = 520$ 元，而是 580 元。

　　一推出這個菜單就發生神奇的事，當初一碗260元的麵被嫌貴，但是現在只是變成用燜鍋上菜，還多收30元，變成290元，卻沒有人排斥，顧客的滿意度反而提升，來店頻率也增加。而且顧客也開始會加點肉或麵條，還有人因為覺得湯頭很好喝，加點白飯泡湯一起吃。一樣的食材、一樣的食譜，只是改變盛裝的容器與菜名而已。「價格用詞策略」有著如此強大的力量，讓人最開心的是沒有新增投資，卻增加了利潤。

上漲金額30元 × 日訂單數量60人 ×310天＝558,000元

　　我也幫忙另一位學生調整過菜單，他賣的是泡菜炒飯。在廚房切泡菜、倒入油、加入冷飯、將材料在鍋中快速拌炒，最後加上一個煎蛋，泡菜炒飯就完成了。這盤炒飯當初是賣200元。跟「安東麵條→燜鍋」一樣的道理，我將它分解並重新命名。在部隊鍋用的大鍋中塗上一層奶油，再放上飯、泡菜、香菇、蔬菜、絞肉，但是不翻炒，直接就端給客人。名字就叫鐵板泡菜炒飯，即使一人份漲60元，顧客也會笑著買單。

　　升級改變原有商品或服務的名稱的「價格用詞策略」比想像中還要簡單。利用敬語、外來語、心靈小語（可以讓人感到療癒的語言），重新解釋原本的用詞，就可以獲得一個很酷的名詞。準備好一起陷入「價格用詞」的魅力了

嗎？

- **補習班**　　　　　學習所
- **醫院**　　　　　　綜合病症管理中心
- **美容院**　　　　　頭髮美學
- **汽車旅館**　　　　一日民宿
- **健身房**　　　　　健身管理、體態訓練中心
- **脫髮管理**　　　　生長遺傳落髮護理
- **家常套餐**　　　　御膳套餐

　　只要是能增加顧客購買意願的單字，能讓顧客在付款後變得幸福的單字，可以為你帶來最大利益的單字，請都找出來，讓所有人都可以更幸福。

好名字的誕生

「不同種類之間結合可以誕生出足以改變世界的價格。」

關於「不同種類之間的結合」可以說的東西無窮無盡，讓我想單獨為它寫一本書。因為侷限於討論價格，雖然可惜但只要知道操作的原理就就可以隨時隨地應用。人類的思想非常複雜卻又簡單。它很容易被第一個接觸到的字母、顏色和數字影響。錨定效應也是透過分析人類的大腦無法脫離第一次看到的提案所得出的理論。

我常常在課堂上問學生這個問題。請在聽完第一個字後，完成以下單字。

灰姑○、白雪公○、唐吉軻○、甲午戰○

應該沒有人答不出來。當人類收到任何提示、提案或刺激時，他們會在盡可能短時間內像閃電一樣掃描短期和長期記憶庫。有趣的是，它已經進化到盡可能快速地提供答

案，即使答案可能是錯誤的。

這種訓練的歷史相當悠久。學者們聲稱自原始人以來它就是這樣訓練的，當我們的祖先在樹林裡行走時聽到沙沙聲，他們會想說：「糟糕，說不定是野獸。」然後決定逃跑，那是因為生存本能。透過類似的經驗學習，又或者透過看到同伴們在聽到沙沙聲的情況下仍然無動於衷而遭遇不幸學到教訓。如果他們的大腦將聽到沙沙聲訓練成附近有水果掉落的信號，那麼他們的行為就不是逃跑，而是開啟一場爭奪食物的競賽。

我們也有許多對於陌生聲響的經驗。在空蕩蕩的走廊、沒有人的空間或只有自己一人的時候受到外部刺激，明明內心知道沒事，但會自動地緊張與全身僵直。甚至如果聲響或動作再大一點，都有可能把我們嚇得失魂落魄。你應該知道在綜藝節目中常見的玩具蛇，人類對會動、會扭、會發出聲音的東西一定會有反應。為了生存而被訓練的大腦幾乎擁有超自然的力量。

> 雖我然吃的巧克力面裡有花生、核桃、松子、巴西堅果等堅果，但因為價格便不宜，不是任何人可都以想買就買的。

即使看到這種奇怪的句子，也可以馬上理解。因為大腦有自動校正的功能。所以命名很重要、順序很重要、價格

也很重要。如果一不小心用了糟糕的形容詞，被大腦判定為不重要，就可能在顧客讀到商品名稱或服務名稱之前，直接整個被忽略掉。所以，我們要反向利用這件事情。

只要一開始使用一些巧妙的形容詞，就可以抓住顧客的注意力，並由此創造出可以飽受顧客青睞的作品。平凡的文字怎麼會有趣呢？「名牌」、「帝王」等遍地都是的形容詞，很容易被嘲笑。必須正確地結合，如果它們不適合與不同種類結合，即使每一個材料都很優秀，都應該馬上扔掉。因為可以用的材料滿到溢出來，所以沒有必要覺得可惜。但如果為了追求不同、創造出屬於我的東西，就隨便找東西來結合，一下子就會被消費者的大腦發現，想著「這是隨意拼湊出來的吧」。

「太誇張了，有點亂。看不懂他想表達什麼。」

當你想要跟別人的大腦搭話的時候，需要注意在對方的腦中能不能用我給的提示產出畫面。如果是我知道而對方不知道的故事，不管你再怎麼解釋都沒有用，這是虐待和折磨。因為，要知道才有辦法衡量價值啊。所以在我們站在顧客的立場之前，需要先看看他的大腦。顧客記憶中的某個地方，必須要有我想提出的字或詞彙，才有機會說服他們。既然如此就想辦法讓他們可以簡單地聯想，這將會對交易帶來很大的幫助。

我認識一位很善良的蕎麥冷麵老闆。他的蕎麥冷麵超級好吃，我從很多人那裡聽說，他和他的妻子真的很努力在經營他們店。店面也位在一個不錯的商圈，然而比起他的熱情與努力，店卻不怎麼有人氣。如果可以把整間店做大改造當然是最好的，但是最近不適合這樣做。在現在這種經濟不景氣、生產活動與消費活動不振的時期，顧客們也沒有餘力可以肆意消費，他們會將錢花在刀口上，不會隨意購買。

　　不幸的是，這家蕎麥冷麵的餐廳名稱包含「蓬坪」和「蕎麥」二個詞。乍聽之下還不錯，因為它很直覺式得告訴你在賣什麼，比異想天開的抽象店名要好得多。但是，有太多蕎麥冷麵的品牌使用蓬坪和蕎麥這二個詞。很奇怪吧？如果店名類似，內部裝潢和氛圍也會變得類似，甚至會導致顧客分不清楚哪間店是哪間。如果店名、菜單、餐食內容都差不多，那麼消費者最後就只能用價格比較，而通常這些店連價格都會差不多。所以大家就乾脆不記店名，只記得「啊就那家店啊，加油站旁邊的麵店。」或「上次我們聚餐去的那家。」於是，就只能以這樣的形態被儲存在消費者的記憶中。跟其他店差不多的話，顧客就沒有理由一定要去「那家店」。所以，如果想創造出一個讓顧客一定要來的理由，無論是選詞、型態、風格、設計都必須要能一擊奏效，讓他們想去，如：

「捲捲（BangBang）蕎麥冷麵」

這是我送給他的名字。它現在成為江南數一數二的蕎麥冷麵店。一改名成「捲捲」，它就上了知名的電視節目，每天排隊客滿。但是我為什麼會幫它取名為「捲捲」呢？在前文中有提到第一個字、第一個詞很重要。首先因為目前為止還沒有看過蕎麥冷麵店的店名是採用擬態詞，而賣場又位於江南的「BangBang 十字路口」。不知道你會不會覺得我這樣說太誇張，但我想設計顧客的行為。這樣講感覺這個詞好像聽起來很厲害，但是其實沒什麼。如果我們創造屬於我們的獨特飲食法、運動法、住宿法、穿法和可以將效率提升二倍的享受方式，顧客當然會想要效仿。這樣做才能更幸福，而且可以回收付出的金額，有誰抵抗的了呢？

「啊，這是老闆發明的嗎？感覺很好玩欸。」

我設計了一個劇本，希望可以讓來到我店裡的顧客跟著我設計的方式行動。（請他們照著這樣吃、這樣運動、這樣住、這樣穿，大部分的客人都會願意照著做。）「啊哈，原來這家的做法是這樣啊。」他們反而會覺得有特色。「捲捲」這家的蕎麥冷麵並不是用拌的也不是用泡的，而是用捲的方式吃。大家吃麵吃到最後的時候，為了想讓剩下的幾條麵多沾點醬，不是會用左手把碗端得斜斜，然後用筷子將麵捲著吃嗎？我想讓顧客做出這種行為，大部分的人都用單手

吃麵，但我想讓客人用雙手吃麵。所以我將「BangBang」
與「捲著吃」這二個東西結合了，並非單純只是食材與食材
的結合，而是加入的動作。但是即使這樣想要用「不同種類
之間的結合」來形容這件事，感覺還是有點不夠。所以我急
忙地加入：

「捲捲海螺蕎麥麵」

　　這與之前走的路都不一樣，大家應該都吃過海螺素
麵、海螺拌麵或海螺彈牙麵吧？所以我在蕎麥冷麵，而且還
是捲著吃的蕎麥冷麵中加入海螺，讓它有雙重視覺效果，而
且還將蕎麥冷麵改名為蕎麥麵。透過這兩種方法同時達到引
起顧客好奇心的效果，以及創造出這世界上沒有的作品。而
且這還不是全部喔？我們需要再深入一點，我一直強調不同
種類間結合的真正理由就是因為我想交給你在單一品項中無
法獲得的二種好處及價值。捲捲＋蕎麥麵＋海螺是世界上從
來沒有出現過的作品，它的價格將由創造者訂定。

　　再加上如此有趣的內容，從價格層面來看也能給予很
高的分數。如果是將它與比海螺還低價值的鰻魚、魚板、海
帶或鹿尾菜等食材做不同品種間結合的話，就沒辦法達成一
碗蕎麥冷麵賣900元的這種挑戰了。

　　如果你想混合二種東西，你必須首先確定它們是否會

產生加乘性。如果一不小心用了顧客可以自己判斷的東西，那麼消費者很快就可以發現。所以要不要就用今天一天的時間仔細想想我的品牌與產品，適合與那些東西做不同品種之間的結合呢？

可以成為史上第一個，
也可以設計顧客的行動，
也可以刺激顧客的好奇心，
而且還可以自己決定價格啊。

別用名詞表示價格，用動詞

「賣家販賣名詞，消費者購買動詞。」

　　大部分的賣家都會很煩惱到底要賣「什麼」。大家使出渾身力氣想要賣那些獨特、看起來更有價值的產品。但不幸的是，總是只看到名詞。飯、材料、房間、設施、水、酒、肉、藥、衣服、家具……努力煩惱著如果可以使這些產品脫穎而出，是不是就可以多賣10元，但是大家最終還是只提出了名詞。讓我們試試，如果我們必須販賣以下這些東西：

- 賣飯 → 越光米
- 賣房間 → 床、房間、浴室、家具
- 賣酒 → 好喝的酒、好吃的下酒菜、好聽的音樂
- 賣藥 → 有名的代言人、外國藥廠、醫生＋知名人士
  推薦的藥
- 賣家具 → 原木、黏著劑、上膜、收尾、設計

　　消費者總是煩惱要買什麼、總是在做比較的理由只有

一個。在這滿到要溢出來的資訊池子中，所有的名詞看起來都差不多。想用名詞來創造差異不太容易，也不容易感動顧客。那麼我們究竟要強調哪些東西、要賣哪些東西呢？我想推薦你的就是動詞。為商品或服務繫上動詞，才會降低顧客的購買阻力及提高顧客的「選擇性」。我們再回到那個必須販賣某些東西的立場吧？

- 賣飯→在250公里外圍墾的土地上，經過88次手工採收的米烹煮而成的米飯。
- 賣房間→每天上午11:00、下午13:00和晚上20:00一天消毒三次的房間。
- 賣酒→釀酒廠直送、陳釀24小時後的傳統葡萄酒。
- 賣藥→教你如何服用藥品、熬煮四小時紅棗茶的影片。
- 賣家具→在每塊木頭上貼上條碼，記錄伐木、修剪、乾燥和切割的過程。這塊木材經由匠人的巧手，花費大約一個月的時間所製成的門窗，並使用100次硬化處理製成的家具。

動詞是勞動力。動詞可以打動顧客，並且呈現出令人感動的聯想。動詞放得愈多，它就愈閃耀、價值就愈高。比起工廠的產品，配上手工、自製這類與動作有關的形容詞，會讓產品看起來更不一樣。就像這樣，強調與提出的東西一定要不同。所以未來在制定商業計畫的時候一定要記住這句話。

「顧客想買的並非單純只是產品，而是乘載勞動力與故事的作品。」

以下有二種黃花魚乾。如果品種和價格都一樣，你會選擇哪一個？

普通的黃花魚乾（左）和容易食用的去骨黃花魚乾（右）。

雖然還需要檢查尺寸、光澤度、新鮮度和產地等，但如果價格相同，會有更多人選擇需要更多前置作業和大量勞動力的去骨黃花魚乾。這件事情非常有意義，因為意味著可以藉此把價格訂得更高。當然，想要一次就猜出多收多少錢並非難事，但是有一件事是非常明確的：所花費的成本愈高、能幫忙消費者解決愈多麻煩事、能找到愈難找到的東西，就可以收取愈高的價格。以後在煩惱生意或價格時，請盡量熟練地提出沒人想像過的動詞，而不是競爭對手容易追趕上的名詞。

將我的品牌商品用以下的方式分解看看吧？

烤肉＝肉＋火＋烤盤＋沾醬＋生菜＋飯＋酒＋湯＋冷麵

將這個普通到不行的公式，套用上動詞，也就是讓顧客更想要擁有、更想要購買我的品牌的勞動力。

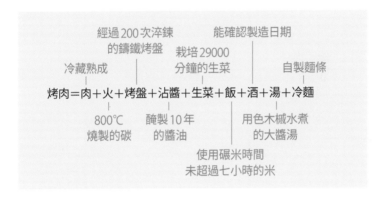

即使是同等級的 A++ 韓牛，去掉筋膜、冷藏熟成、富有特殊香味的可以賣得更貴。這是因為價格中有動詞，這一次，讓我們將公式應用在充滿最多「速成」產品的便利商店吧？

使用烘烤過九次
的竹鹽

標示保存期限　　　　產品測試過一萬遍

一天確認三次溫度

便利商店＝便當＋三角飯糰＋啤酒＋飲料＋雨傘＋香蕉＋雞蛋

知名部落客強力推　　　　　　清洗過二次
薦、全國第一的

顛倒陳列，
讓它不會產生沉澱

　　我和朋友們去了一家音樂很讚的酒吧。你喜歡從電腦播出來的音樂，還是表演者在你面前現場演奏的歌曲？你喜歡工廠製作的鞋子，還是義大利工匠100％手工製作的鞋子？消費者喜歡並願意支付的不僅僅是一個名詞，而是一個充滿動詞的產品。如果在一個普通名詞中植入一個動詞，它就會變成一個專有名詞，甚至可以獲得版權和專利。在做生意時，請一定要記住這二件事。

將資訊 DNA 植入價格中

你願意花多少錢買這瓶水？

　　你也許被這個突如其來的問題嚇了一跳。因為沒有太多資訊，所以腦中的算盤會沒有不知道該往何處。「不知道欸，要付多少啊？」不是，在這之前會想「到底要不要買這瓶水？」

那麼，現在你願意花多少錢買這瓶水？

25元？30元？一邊看著各種品牌的水，一邊試著追溯我的記憶，並嘗試記住之前付過的價格。「之前在便利商店是花多少錢買的啊？」沒有多少人會清楚記得。那些每天購買或長期訂購的人，他們的腦海中會有價格資訊。但如果是從未買過瓶裝水，那麼他們就會在大腦深處挖掘價格。

資訊是顧客在購買前感到焦慮的原因。顧客會煩惱賣家聲稱的資訊到底可以給我多少滿足感。依人類來說，通常不會在沒有資訊的情況下購買產品。

因為肚子痛衝進去廁所，卻發現沒有衛生紙？在這種情況下，就無法計較到底要在販賣機買或便利商店買。因為現在非常需要它，所以別無選擇，只能聽從賣家開出的價格。除非是這麼尷尬的情況，否則消費者很少會買沒買過的產品。

「價格就是資訊。」

在煩惱使用什麼材料，製作什麼樣的產品之前，先考慮要生產什麼樣的資訊。普通的資訊與主張無法吸引顧客。不對，這只會讓他們覺得煩躁。那麼有什麼資訊能讓顧客爽快地同意你的客戶願意乖乖買單呢？他們會覺得哪些資訊更有價值？為了避免被產品淹沒，我們必須成為資訊的生產者，而不是產品的生產者，訊息的多寡決定了價格。

現在是時候裝飾我的產品與服務的資訊了。請你把「我想提供給顧客的想法」這一句話，想成是一種概念。這個概念的重點在於創造產品或服務及創造出能說服顧客相信這件事的內容。與別人不同的想法，基於這些想法產生的訊息就是內容，以及真正價格的祕密。內容量與售價成正比。這就是為什麼內容如此重要。

人們對於 Apple 或三星的產品偏好度差異為什麼如此極端，其實仔細一看就可以發現是因為顧客同不同意「產品開發者的想法」。

「我喜歡賈伯斯的想法，無論何時我都有意願購買他想表現出來的想法與資訊。」

這些顧客基本上不會購買三星的產品。無論是汽車、

公寓、衣服、醫院，還是餐廳都是一樣的道理。如果想要積極地展現出內容，就需要刺激顧客的感官。愈能觸動顧客的感官，產品的說服力就會愈強。你想在視覺、聽覺、嗅覺、味覺和觸覺等感官中，傳遞哪些想法給未來的顧客呢？如果只單單用一個普通名詞就想要求顧客購買產品，顧客只會想躲開。提供的感官資訊愈多，跟競爭對手的產品相比之下，就愈具有競爭力、選擇性和價格優勢。

沒有扇葉的電風扇，Dyson Air Multiplier

　　當這種突破性的產品出現時，消費者會將它與具有類似特徵的傳統電風扇進行比較，並努力嘗試推敲。「到底為什麼會做出這種電風扇呢？」逆向推測開發者的想法，有些父母會這樣想「可能是為了孩子的安全！」，這些父母們為了孩子們就會贊同Dyson的主張並購買。但是當然Dyson從未直接提供資訊說這就是一臺為了兒童開發的電風扇，這是顧客自己推理和分析這種稀有且獨特的產品資訊後所得出的結果。

　　資訊不僅以文章或文字的形式呈現。為了誰的「用途」也是一種非常優秀的資訊。如果顧客可以推測出使用這個產品之後可以更舒爽、安全和消除煩惱等類似的資訊，那麼他們就會願意支付更多的金額。過去和高價產品保持距離的顧客，為什麼現在更積極地購買產品？原因何在？這是因

為他們已經看過資訊，也就是已經購買過這些產品、前人的評論。

> 「雖然貴了一點，但是很方便。現在即使孩子們
> 在旁邊，也可以放心開電風扇。」
> 「沒有預料到老人家們很喜歡。吹出來的風不像
> 是刮鬍刀一樣，會讓人覺得痛。」

從現在開始讓我們成為親切地資訊導遊，指引那些「因為不知道、覺得普通，所以不想買的顧客」吧？

PART 6

|訂價策略2|
不停地提升格
끊임없이 격을 올린다

物以稀為貴

「價格是由供需曲線的交接點所決定。」

　　我們常在課堂上聽到這句話，在日常生活中也常接觸到。因為新冠疫情，所有的人都在找口罩。需要的人很多但是供給少，所以口罩價格就漸漸升高。每天都像上戰場一樣，價格更像瘋了一樣飛漲，如果想買還必須排隊，也曾經有過一片口罩賣超過150元的情況。其實，想要穩定價格很簡單，只要製作很多口罩投入市場就可以了。但是當時無論是設備或時間都不夠。再加上並非只有韓國需要口罩，全世界都需要口罩，所以原料價格也一飛衝天。需求與供給決定價格……，實際經歷過就知道這句話是對的。

　　那麼我們可以從這件事學到要用什麼覺悟與行動看待價格呢？雖然討厭過分昂貴的口罩，但是沒有方法也讓我的產品變得更貴嗎？沒有什麼訣竅可以讓價值與價格同時提升嗎？是該認真煩惱、考慮的時候了。現在，讓我們簡單地翻

轉公式。市場上充斥著各種產品與服務，人口很少，但供給氾濫，導致競爭激烈到一種可怕的境界。

「你需要將你的商品和服務變成市場上『罕見』的稀有商品。」

所以要藉由改變外觀、排列方式，不同種類間結合等方法，創造出至今從未見過、從未體驗過的稀有物品。不對，為了被這樣對待，我們必須離開常識和平均線。常見就會被拿去比較；常見就會被遺忘；常見就必須用低價當武器。不管是什麼原因，變得稀有表示無法輕易得到。大多數被評價為有價值的東西是不容易遇到的，這件事有很厲害的意義。

隨時隨地自由購買的權利，
也就是剝奪了消費者的自由。

這也是引起憤怒的原因之一。「真正的」名牌就很擅長利用這種心理。積極行銷、大規模推廣新產品，但是等到顧客真的到賣場，卻會聽到櫃員說可能要等幾個月。讓顧客渴望獲得該商品，最後決定預購。心理學家莎朗・布雷姆（Sharon S. Brehm）曾說：「**當人們被限制或被威脅不能自由選擇某一個東西時，就會誘發人們產生維持該自由的動機。於是，就會導致人們對這種自由的渴望比受到限制前更**

加強烈。」

　　不管是口罩、牛肉還是疫苗，如果到處都可以買得到，那麼人們就不會對這些東西產生欲望或抗拒。因為沒有才想要啊，不能輕易獲得，它就會成為激發需求的對象。因為我沒有，所以更渴望擁有。請想想看，如果你擁有一輛瑪莎拉蒂，瑪莎拉蒂這個品牌就不再是渴望的對象。你不會瘋狂地想要體驗已經體驗過餐廳、汽車旅館、醫院或髮廊。我在前文提過，顧客為他們想要的東西付費。想擁有跟想買的這些話，具有兩種不同的意義。在上一次購買經驗中獲得超乎想像的滿足，或是這個產品是他們至今從未擁有過的非常新穎的東西，每個人都聲稱自己與眾不同、新穎、獨特，但在很多情況下，我們其實根本不知道為什麼要這麼做。為什麼要不同？那就是因為想要讓我的產品變得稀有、無法輕易得到、讓顧客極度渴望得到它。我才能藉此賣跟其他人不同的價格。

　　這裡有一個非常有效的方法。讓消費者焦急著想要擁有我的產品與服務。最簡單的方法就是「限量版」。當然必須保障品質很好。如果隨隨便便做出一個產品，然後使用「限量版」策略，恐怕連本錢都賺不回來。

「烤椶木芽 限定販售」
「春假限時特價」

妥善利用「季節」、「紀念」、「累積」這些單字會很有幫助。因為它們就像紀念日一樣，固定在某一天或某一段時間，所以不容易被忘記、很好利用。活動也是一樣，想要擠出新的點子，需要非常努力。反之，時間轉來轉去，等待就會再次回來。春夏秋冬，其中包含的二十四節氣，如果使用得當就可以讓產品變得珍貴。大多數人都有傳統的思考模式。以烤肉店提供的服務為例，大部分的構成要素都非常普遍，例如：肉、火、蔬菜、湯、鹽巴、酒……，如果想擺脫這種顯而易見的提案，創造與眾不同的價值，就可以利用季節和節氣。

「從今天開始為期28天的楤木芽節！」

打出限時的口號，如果錯過現在這個機會，就要再等一年。那如果想更直接、讓顧客非買不可呢？

「現烤昨天現採的新鮮楤木芽，一天限定50組！」

再更進一步，將它展示在顧客面前。人類是一種充滿疑心的動物。他們會用充滿懷疑的表情，緊緊地盯著你，看是不是真的28天或只送50組。這裡需要的東西是黑板，在賣場最顯眼的地方掛上黑板，開始倒數剩餘量，從50開始每賣一份就擦掉一個數字，49、48、47、46……。

如果可以搭配鐘聲，即使只是一個小型的鐘也可以。每賣一份就鐺鐺一次。每響一次鐘聲就會吸引顧客的目光一次。人類會被移動的東西刺激。看著有人搖著鐘，黑板上的數字一個一個的被擦掉，顧客就會開始著急

一開始會想「喔？真的有人買喔！」接著反覆地聽到鐘聲，就愈聽愈著急。

> 「居然那麼多人買？好吃嗎？喔……繼續猶豫可能就會來不及了，得快一點，等到沒剩幾個的楤木芽都賣光了，屬於我的『可以隨意購買的自由』就會被搶走了」

要設計得讓顧客會感到焦急。

第二個是紀念限定。這個方法是利用各種值得紀念的事情，例如一週年或四週年。開店紀念是最常見的，但是像老闆的生日或結婚紀念日等，這些也都是好主意。紀念限量販售這件事，只是大家不知道所以不做而已，如果大家知道就會搶著實行。期間限定優惠也好，提供期間限定特別套餐也可以。

前文中有提過「顧客買的是名詞，而非動詞。」因為比起單單一個「名詞」，當老闆努力著墨該名詞，顧客會給予

老闆努力的「動詞」更高的評價。因此我們需要讓他們留下老闆總是不停歇、不厭倦地一直為顧客而動的印象。

「累積」的效果也很好。一萬名顧客來店紀念限定販賣、累積營業額達30億元紀念限定販賣……，累積這二個字可以讓消費者產生信賴感。如果沒有信賴當基礎，交易就會被拒絕。因為人類很吃數字這一套，所以如果提供顧客一個沒有謊言的累積數字，顧客會更容易被說服。一間一年365天沒有限量版商品的店及一間利用「季節＋活動＋累積」企劃產品販賣的品牌，你會想要選哪一邊呢？心理抵抗理論，也就是正確使用剝奪顧客的自由的產品及訂價策略，可以讓消費者著急的心慌。

最後，再介紹一種更強大的武器給你吧？也就是利用前文提過的黑板數字遞減法及拍賣技術。在賣場外面掛廣告布條或螢幕吸引消費者注意，在賣場裡面，每小時搖一次鐘，通知拍賣開始。如果老闆怕生，不敢站在顧客面前。可以寫下一張名片大小的公告，每當拍賣開始時就放到桌子上也可以。

「從現在開始為時一小時的特特特級里肌肉限量
　拍賣即將開始。以十分鐘為單位，每過十分鐘特
　價的幅度就會縮小。原價是570元，限量特價折

數如下。」

- 60分：7折＝399元
- 50分：75折＝428元
- 40分：8折＝456元
- 30分：85折＝485元
- 20分：9折＝513元
- 10分：95折＝542元

人性就是隨著時間流逝、折扣幅度降低，就會急著想買。再加上開始的價格就已經打了七折，現在馬上買的話就直接打七折，沒有必要再等10分鐘、20分鐘啊。這個就是限量的魅力。好的，讓我們整理一下。

剝奪顧客的購買自由，讓他們心理產生抵抗力，再將如此做成的稀有性積極地應用到販賣上。這樣價格及販售量才能隨我操縱。你想要透過哪一種限量販售的方式提高稀少性和價格呢？

想一想！

　　我在寫這本書的時候，想要剝奪讀者的購買自由及讓他們產生心理抵抗。因為通常我的書都可以賣到20～30刷，所以我原本想從一開始就限定20刷，隨著一刷、二刷、三刷、四刷……價格漸漸地愈漲愈高。但因為韓國有圖書統一訂價制，所以我沒辦法實際應用這個想法。如果對販售有一定的信心，可以利用限量販售與差別訂價。可以獲得非常有趣的結果。還有只要好好地用本章節告訴你的內容，你馬上就可以得到「價格之神」的稱讚。

操縱價格的力量

　　通常被稱為肉舖的地方，在大邱被稱為肉食店。這是一個流傳很久的習慣。這一次，我要講一個關於行為設計的故事，它是利用肉食店創造特殊價格的故事。

　　把需要煩惱的重點詞彙寫在中心，並在它周圍寫下最先聯想到的畫面詞。這是一個非常重要的過程。沒有什麼比這個更能有效地創造出與眾不同的點子。如果一直只在腦中思考，畫面會重疊變得模糊，但如果將文字寫成一圈，就會像「思考森林」一樣編織成一張網。大叔、圍裙、紅燈籠、肉塊、鱗片、S掛勾、花俏的POP海報體、櫥窗和肉腥味……還有阿姨、阿嬤。神奇的是在我的腦海中會冒出阿姨跟阿嬤。不知道是因為在市場買東西的經驗，還是百貨公司試吃區的經驗或過年過節女性互送禮盒的印象，總之男性出現的頻率並不高。

　　二年前的某一天，一位英俊的青年來找我，他說他在大邱開了一家肉食店。醫院、住宿設施、服飾、餐飲業、保

險、電腦、智慧型手機、殯儀館、網咖……，我幾乎管理過所有行業和工作類型，但這是我第一次遇到肉食店。那個青年帶我去的地方是一個像停車場一樣十分寬廣的施工現場。不知道是不是職業病，我彷彿看到未來完工的空間與施工現場的畫面重疊在一起。我只要提到關於重疊的事情，大家就會覺得很神奇。

「這裡掛著一個碩大的螢幕，雙層自動門之間有『綠色植物』，從入口進到店裡就可以看到左側彷彿是一間實驗室的透明作業室，從正面往右側牆壁看，依序放著烤雞的機器、烤箱、櫃檯、蔬菜販售臺，在賣場正中間的空地放著中島式透明冰櫃，以此強調開放性。」

對一個還沒施工的地方，我說出了想像中的畫面，但是這個想像並非全部源自於我。是我這20年來走遍全國所拍、所見、所記錄，這樣慢慢累積下來的點子互相碰撞、混合，一塊一塊拼湊起來的結果。但是當初我並沒有將這些東西原汁原味地輸入到我的腦中，而是用我的色彩給他們潤色。這個過程需要花費很多時間，反覆咀嚼寫在筆記本的資訊，並將他們外觀、色彩、層次、順序、方式統統更改。這樣當有一天我需要它的時候，才不會不知道從哪裡下手。

你問為什麼要做這種沒用的事嗎？因為電刺激。不管是哪個品牌或賣場，只要擺設好七個可以讓來訪的顧客發出

「哇！」驚嘆聲的電刺激，就可以完美征服那個市場。也就是說，對於擁有一般常識的普通顧客，我們需要想出一個他們無法預測的劇本，才有辦法嚇到他們。你說只要用心對待他們就好，為什麼還要嚇他們呢？因為有衝擊性的電刺激，會讓顧客感到有趣且讓他們上癮。如果是針對只來一次的顧客，就沒有必要那麼辛苦了。但是如果想繼續吸引顧客，那麼電刺激就很重要。他們看到的那一刻、摸到的那一刻、聽到的那一刻、聞到的那一刻，都要很刺激才行。如果能讓他們起雞皮疙瘩就再好不過了。趣味就是在這一瞬間產生的，消費對這種有趣的東西毫無招架之力。如果有趣可以對自己**提供幫助、讓生活變得便利、變得更幸福**，那麼他們就會被吸引過來。就再也不是趣味，而是一種讓他無法停止的癮頭。

　　遊戲、賽車、賭博、體育、酒精、毒品、電視劇……，這是一般被認為會讓人中毒的東西。驚人的愉悅感，也就是說趣味來自無法預測的地方。如果結果很明顯，那就失去了趣味性。價格應該要包含的要素中，最上層的就是趣味。有趣的價格，可以隨心所欲地提高。吃的趣味、玩的趣味、休息的趣味、一起體驗的趣味、住的趣味、享受的趣味、工作的趣味、使用的趣味、申請的趣味……但是趣味沒辦法只用我的想法就創造得出來，要能讀取並預測對方的想法才有辦法創出趣味。真正的樂趣會遮住價格。因為「那個樂趣」是如此令人滿意，以至於「那個價格」就會變得不重要。

好的，讓我們在回到肉食店。接下青年的委託之後，我深入研究之後，預測來到肉食店的顧客會有的行為。

> 在電視上看到烤肉的畫面→想吃肉→腦中浮現肉的部位→煩惱著要不要去肉食店→統整各種經驗之後決定要去哪一家店→移動→在店門前確認傳單→決定大概要買什麼→看一圈賣場→決定要買哪種肉→看價格→根據各種經驗做比較→跟工作人員確認→購買

　　我將一般購買肉的行為分解成以上幾點，分解之後就可以看到答案，可以快速地掌握到問題出在哪。無論成功或失敗，只要細分來看，就可以找到能預測顧客行為的新解法。在這個過程中能夠隨意控制價格是一種附帶獎勵，或者說是對你大腦能量消耗的一種補償。預測顧客的行為，並試著進行干預。

> **在電視上看到烤肉的畫面**（在去除牛骨或塑形過程，電刺激較少。但在燒烤或吃飯的場景，電刺激會變得更強）→**想吃肉**（要讓顧客想到肉就會想到我們的品牌，因此至少要成為在該部的代名詞）→**腦中浮現肉的部位**（創造出我們的主打品項。而且是要可以提供趣味性的牛里肌、

可以提供趣味性的牛里肌、戰斧牛排、麻花肋排等）→ **煩惱著要不要去肉食店**（Naver Place 上的熱門店家）→ **統整各種經驗之後決定要去哪一家店** → **移動**（在公車站或計程車停靠站設置廣告）→ **在店門前確認傳單**（將利潤高的商品刊登在廣告或傳單上，愈大愈好）→ **決定大概要買什麼** → **看一圈賣場**（擺放花盆、空氣清淨機、氧氣製造機）→ **決定要買哪種肉** → **看價格** → **根據各種經驗做比較**（把各部位肉品的選擇方式用海報體寫好，並布置在顯眼處）→ **跟工作人員確認**（準備贈與顧客的小禮物）→ **購買**（送常客折價券給他）

只要能預測顧客行為到這種程度，這家肉食店的販售成績也會改變。但是，我們需要能在結尾敲最後一擊。

「顧客在購買你的產品之後，最先需要什麼呢？還有如果需要使用該產品，最需要的東西是什麼？」

如果快遞抵達，你最先想到的東西是什麼？沒錯，就是美工刀。就像這樣，我們要先準備好，顧客在購買商品後最先需要的東西，能讓顧客起雞皮疙瘩的重點就是這個。如果在消除顧客的痛苦或不便的角度來看，可以用「親切」。那麼從可以制約價格的角度來看，讓我想用「衝擊」來形容。

　　從肉食店買肉回到家，為了煎肉第一件事情就是找平底鍋。也需要夾子跟剪刀。但是真正需要的關鍵是鹽巴。當肉已經烤好，在送進嘴巴之前，顧客迫切需要是美味的鹽巴。能提前理解並預測這個觀點並設計出販賣模式的賣家，可以贏得最多的消費者。我送給大邱肉食店的點子就是當顧客購買肉品，就送他們鹽巴當禮物。但並不是隨處可見的精鹽，而是香草鹽、胡椒鹽等四種鹽巴組，這獲得非常好的回響。顧客不知道的事情有很多。他們不知道自己真正想要什麼，他們也不知道價格應該是多少。所以如果賣家可以很仔細地告訴他們，他們有哪些需要、需求，這個賣家就有能力可以決定價格。

　　「怎麼會想到要送鹽巴呢？」
　　「我活了一甲子，有看過送蔥絲的店，也沒看過
　　送鹽巴的店。」

　　顧客讚不絕口，隨著愈來愈多人要求再多拿一份鹽巴，至今都處在等級「B」地位的員工，或多或少可以體驗等級「A」店的立場了。

　　如此這般價格的進化是無窮無境的。最近有一位海產進口商的老闆，在上完我的課後，開始只賣大麥黃花魚肉，而不是整隻賣。問他理由時他回說「因為想要消除顧客食用時還需要挑刺的不便及辛勞。」聽了之後我不停地稱讚他，

這就是我想大大強調的「顧客行為預測」。因為比起其他用傳統方式販賣大麥黃花魚的店，這間店提供了更方便的商品，所以滿意度也隨之增長，價格也可以賣的比之前還貴。雖然代客處理會需要勞動力，但是顧客會認同這個價值。顧客行為預測和行為設計做得愈多，產品價值就會增加，因為也提供顧客等量的方便性。

這裡有一盤已經挑好肉的大麥黃花魚，在放進嘴裡之前，大腦會先掃描過去的經驗。這時腦中浮現吃得最開心的瞬間。

「在淳昌吃的時候，那家店有提供辣椒醬……在金浦吃的時候，那家店有提供生菜……。」

在這裡值得注意的地方就是，顧客會找出一般來說最常被想到的行為。再深入一點，他們會翻找自己在吃大麥黃花魚時，享受過的最奢華的記憶。因此他們很有可能想到的是韓定食餐廳，因為那裡的大麥黃花魚賣得最貴。

「在最豪華的地方，享受過哪些服務呢？」

在這種高價的店裡吃大麥黃花魚的時候，最常做『什麼動作』呢？沒錯，將熱熱的綠茶到進飯碗中泡飯吃，我相信你一定都有過這種經驗。因為預測到顧客會有這種行為，

所以我將綠茶粉包放在一起賣。結果發生什麼事了呢？當顧客的大腦受到衝擊，原本在他們心目中的大麥黃花魚全都被擠下去。「贈送綠茶粉且只有魚肉的大麥黃花魚」占據了那個位置。從外頭滾來的石頭想要取代原本的石頭（反客為主）需要三倍以上的力量。新品牌想要代替顧客腦中原有的知名品牌，所需要的東西就是行為預測與行為設計，還有一個就是找出定位。

誰都無法搶走專屬於我的位置。當您想到這個行業、商品和菜單時，第一個想到的品牌。**只有第一名跟第一人才能決定價格**。因為沒有標準與比較對象。如果想成為大富翁，請預測消費者的行動。

這樣才有辦法設計他們的行動，找出顧客在購買後、消費前最需要的東西是什麼，並提前告訴消費者，他們就能預測可以獲得的便利，並會毫不猶豫地付款。你想一下割開外帶密封塑膠膜的紅色塑膠小刀就可以理解了，第一個發明這個東西的企業是一家擁有數百間加盟店的辣炒年糕連鎖店。

比競爭者多賺 20% 的特級祕訣

　　既然我們已經學完將價格提高 10% 的方法，現在我們來挑戰看看提高 10% 的二倍，也就是 20% 吧？

「你都是怎麼訂價的？」

「嗯？看市場價格。」

「還有呢？」

「我很計較成本，雖然會讓頭有點痛，但是分析成本很重要。」

「如果人工費與材料費上漲，你會跟著漲價嗎？結合上漲率？看成本上升多少，就跟著上升多少？」

「這樣會讓客人都走光。我的頭髮就是這樣掉光的……。」

　　這段時間你太在意別人的臉色了。要看競爭者的臉色、消費者的臉色、還要看自己的臉色……。想著會不會因為價格昂貴，顧客就被搶走而因此感到憂心忡忡，每天只想

著該怎麼讓價格可以看起來更親民。然後努力想著怎麼樣才能用最低價賣出產品。我在演講中如果講到這種故事，聽得人也一定會放下筆抬頭看我。

「你現在收取的價格，真的是你想賣的價格嗎？」聽到我這樣問，大家就會搖搖頭。

「這是你很努力、使用好材料做出的產品，應該要賣多少錢你才會感到幸福？」

如果這樣問，大部分的人沒辦法明確回答。因為從來沒有想過這個問題。這時候我的建議如下：

「使用可以讓你在繳納稅款後，至少獲得20～25％利潤的訂價策略。」

然後大多數人通常都會算了一下，然後馬上搖搖頭。然後擺出「要是到時候害我流失一堆客人，你要負責嗎？」的表情。

顧客非常單純。他們大膽地為想要擁有和購買的東西付費，毫不吝嗇。大家有看過Apple、NIKE、Leica、愛馬仕和香奈兒的粉絲，對價格感到不滿嗎？他們反而會購買連1％都沒有打折的新產品，然後為了讓大家知道這件事，在

自己的社群軟體上發文大肆宣傳自己獲得新產品的喜悅。因為是商品上市後的第一個價格，也是最貴的價格。但是因為是想要的產品，所以價格並不會有任何購買阻力。因為比別人都更快擁有這個東西比價格還重要啊。

　　請不要計較成本。顧客對你的成本一點興趣都沒有。你看過有人買了勞力士 、藍寶堅尼（Lamborghini）、愛馬仕、Apple，卻在計較買到原價的嗎？要銘記，顧客只對他們付出的金額感興趣，而不是賣家的成本。就是因為我們每天都在計算成本，我們才會變得愈來愈沒有自信。不能慷慨地拿出信心，也沒辦法竊取到顧客的心。你知道我在說什麼，但不知道從哪裡開始嗎？介紹給你一個我應用之後創造出的公式。這是我從平常就很尊敬的心理學家金智憲教授的文章中獲得的靈感。

多支付的金額＝我的品牌－一般品牌

　　我們首先要做的第一件事是選擇三個想贏過的品牌。將它們與我的品牌比較之後，寫下優缺點。舉例來說我是一個刨冰品牌，就會開始分析國內最大的D、M、S品牌。

1. 他們有，但我沒有的東西。
2. 我有，但他們沒有的東西。

3. 他們沒有，我也沒有的東西。

如果我的品牌更有名就是另外一回事。但是現在是和比我更有名的品牌進行比較，讓我們把公式調換一下。

> 多支付的金額＝D、M、S刨冰－我的品牌
> （知名度、商圈、系統、規模、資金、人員、策略……）

因為他們有我沒有的東西，所以他們才能賣得更貴，我才會只收這點錢。除非我進化，否則消費者會毫不猶豫地向「其他」品牌敞開錢包。最後我落到一種必須不停追隨這些品牌車尾燈的處境。我有但他們沒有的東西，這就是我可以比他們多收15元，也就是消費者自願多付15元的力量。讓我們來找找看吧。好處、利益、價值、效能、好奇心、點子、界線、格、不同種類之間的結合……，只要使用本書中提到的三、四個訂價策略，就足以吸引顧客。乾脆把它變成一個公式看看嗎？

多支付的金額＝我的品牌－ Top3 品牌

我們要讓即使從我的品牌有的構成要素中，扣除前三名品牌的構成要素，依舊還是可以留下的品牌資產。如果比起前三名的品牌，顧客可以看著我的品牌聯想到更多正面的

東西那是最好，但可惜的是我只能收更少錢的原因更多。與它們相比，如果不夠的部分還很多的話，那就應該透過微量分析進行評估。增加構成要素，並將它們拉到120%。

多支付的意願＝	我的品牌	－ Top3品牌
	冰塊＋牛奶＋紅豆＋ 黃豆粉＋煉乳＋奶油＋ 水果＋糖漿＋容器	

那麼你馬上就可以看到你該做的作業。第一步是弄清楚要做什麼及該怎麼做。將每個構成要素都提高1%的強度和豪華程度，就可以收取更高的價格。用什麼樣的冰？用什麼等級的牛奶？紅豆是自己煮的，還是從批發商買的？黃豆粉是100%國產的嗎？煉乳是什麼牌子的？奶油是法國產的還是荷蘭產的？水果甜度？是從批發市場買來的，還是產區直送的？糖漿是C牌還是H牌？銅碗是訂做的還是現成的？

絕對不是請你抄襲別人。生意做不起來而感到煩悶的人，不會做這種努力，只會大概找一下就直接套用。然後便認為因為看起來類似，就可以收取類似的價格。我為什麼要創這個公式？因為如果和他們一樣，就會輸了。如果不用減法來表示，就認為已經在對等的位置，這是一個非常嚴重的誤解。例如「你也賣，我也賣。那不就可以賣差不多的價格嗎？」這種蠢誤會。

　　價格從外面看到的並非全部。除了表現在外的「面值」，還有「內涵價格」。內涵價格就像是冰山在水底的部分，沒辦法用眼睛確認，也就是那些沒辦法用價格與數字呈現的東西。不管多類似，前三名品牌擁有的歷史、傳統、在大眾媒體的經歷、資本等，如果輸給這些內涵價格，顧客願意在我的品牌多支付價格的意願就會變成0，相比之下，更可能會變成負值。所以才會總是輸給別人。因此學別人只是徒勞無功而已。

　　因為不可能在短時間內創造出這樣的內涵價格，所以我告訴你的方法就是20%價格強化策略。這個方法是為了讓顧客看不見前三名品牌的魅力及優點，我們要將前文寫下的組成要素，不多也不少只要將20個要素各強化1%就好，不然將10個要素強化2%也可以。追擊者的姿態應該要是這樣才對。不管是大企業還是中大型企業，如果想打敗巨人成為市場的支配者，就必須擁有任一位顧客都會認同的獨特的資產。該資產的大小，與我可以收取的價格成正比。

　　如果想賣得比競爭對手貴20%，請為你的品牌注入價值。隨時試著減法，並將我的東西填滿。有信心把東西做好，卻沒有信心可以將宣傳好嗎？首先試著從這個作業開始，這不太容易喔，但好消息是你的品牌一定會在這個過程中自然而然地成長。我認為光是這件事情就非常有意義。

一盤 30 元的雞蛋

　　韓國 5000 多間超市中，我最喜歡的地方是忠州的 Home Mart。它的規模非常非常大，我建議你如果對價格感興趣，一定要去看看。

　　大企業經營的大賣場總是在網路購物和凌晨送貨的戰爭中掙扎，這裡是一個完全不同的世界。一排一排的室內裝潢風格與空間配置宛若美國的大型超市。，而最讓人驚訝的是價格！因為它的特色就是每天價格都不同。所以在本書中寫的價格跟你在現場看到的價格會很不一樣。如果是為了買東西，請一定要在搜尋引擎上搜尋過再出發。但是如果是為了學習價格，那麼現在馬上去也沒問題。我去的時間是在 2020 年初。

生菜 2 公斤 100 元

　　應該沒有家庭會一次買一箱生菜回家吧……，但我就是那個人。它幫我那已經逐漸變寬的身體增加藉口，有時候過分便宜的價格也會助長過度消費。

南瓜 1 顆 30 元

看到這個價格，我從來不存在的料理魂突然就湧了上來。蒸、煮、炒、炸……突然有一堆點子。價格可以形成用途，也可以誘發動機。這真是太驚人了。

美國都樂（Dole Food Company）香蕉 1 根 30 元

「好吧，不管別人怎麼說，早餐就是要吃香蕉。」剩的打成果汁就好

超大國產地瓜 10 公斤 一箱 280 元

「健身教練們好像都是吃地瓜減肥的……。」蒸了之後，攜帶也方便，如果有剩就晒成乾吧，價格開始控制你的行動。

高麗菜 3 顆 1 袋 140 元

「等一下，要不要來做高麗菜泡菜吃啊？」就像「大刀餐廳」一樣，烤肉的時候，當生菜吃也不錯，烤來吃也很棒……。價格也可以告訴消費者你從該商品可以獲得的最高價值是什麼。

就這樣裝著裝著，我也不是開店的人，但推車一下就滿了。然後嘆了一口氣後，繼續狂買東西。

低溫殺菌牛奶 15 元

看到這種破盤價還需要思考嗎？只會有「不拿就虧了」這種想法。價格最重要的重點就是這個，讓顧客覺得不買就虧了。只要能成功做到這一點，就能讓消費者沉迷於購買。拿了牛奶後，會本能地看看那個區塊看看還有沒有什麼東西是這種破盤價啊？就在這時，我的目光停留在旁邊冰箱上的一張公告。

新鮮雞蛋（大顆）30 顆 30 元
一人限購二盤。

即使我很早就來，但架上只剩下四盤。雖然這是我在課堂上也常提到的內容，不能從消費者的嘴裡聽到「老闆，你這樣賣不會虧嗎？」的話。但是我在這間超商卻驚訝到連這句話都說不出口。我好奇到不行。因為我的合作夥伴是這家超市老闆的朋友，所以我就拜託他幫我問出這個祕密。知道之後，我震驚得合不攏嘴。

這間超市的年總營業額約 20 億元。來購物的人平均結帳金額是 5700 元，一年來店人數大概會有 35 萬人次。但是真正讓我驚訝的是成本，在賣場裡賣 30 元的蛋，成本是 90 元。太扯了，一盤居然損失 60 元，而且還繼續賣。我認為一定有祕密藏在成本之中，所以我就持續追問下去。

「從平均購買金額 5700 元的顧客，我們可以獲得 20%
的利潤，那就是 1140 元。才損失……不對，是投資一盤雞
蛋 30 元！是這種用意對嗎？」

老闆原本只呆呆地看著我，突然笑了一下。他要請我
一起吃飯，在走出去的路上我腦袋突然一片空白。

一直以來我做生意都做得太安逸了，我都認為只要準
備好能提供商品與服務的設施與設備就好了，這就是全部的
投資，但我完全錯了啊。投資並非一次就可以結束，只要我
的生意持續下去，就必須不停地投資，這點才是最重要的核
心啊。賣家先提供，消費者才會上門。並看著我們提出的價
格驚嘆、然後邊找出要買的藉口、幫產品創造用途，並購買
著沒想過自己會買的商品。當消費者把購買的東西塞進後車
廂，彷彿就像從戰場歸來的商人，看著他的獵物，感受到得
意洋洋的心情。要讓他們感受到這種心情，他們才會願意再
訪、再購買、也會推薦給好朋友們。

價格真是令人感到驚訝。雖然線索只有數字，但是在
那個數字裡面一定包含想要預測與設計顧客行為的想法。如
果貿然地大放送，就會虧得慘兮兮。但是只要稍微調整一下
平均利潤，就可以讓顧客感到興奮。你問如果有那種只想撿
便宜的人，真的進來消費就只買雞蛋的話怎麼辦嗎？嗯，這
個問題要怎麼解呢？

「消費滿 5700 元以上的顧客，可以用 30 元購買 1
盤雞蛋的機會。」

如果只買 4960 元的顧客，應該會想買滿到 5700 元吧？
要連不存在的需求都創造出來，才有資格被稱為價格之神。
現在，你準備用那些誘餌商品，讓顧客想購買到即使編出理
由與用途也要買的程度了吧？

名為「誘餌」的價格魔法師

在進到本章之前，先跟你解釋何謂「誘餌」（Decoy）誘餌，是用來引誘獵物的，如鳥、物品或人等。對你來說，它也可以是引誘顧客的魔法。

《國家地理頻道》針對到電影院看電影的顧客做過一個實驗，在電影院販售爆米花的櫃檯設置隱藏攝影機，並向顧客販售二種價格的爆米花。

LARGE 7美元　SMALL 3美元

大部分的人都購買了SMALL。需要花高達7美元買一份爆米花嗎？顧客們好像都這麼想，如果是我應該也會買小份的3美元爆米花。看著這個實驗，我突然有這種想法。如果有一個中間價格，一定可以賣得更好……，如果販賣率一樣的話，100名觀眾可以提升500美元的銷售額。那些有價格意識的人，會多放置一個「中間價格」，以防止顧客傾向於較低的價格。

LARGE 　　　 MEDIUM 　　　 SMALL
7美元 　　　 5美元 　　　 3美元

　　在7美元、5美元、3美元這三種選擇中，最暢銷的一定是5美元。這是當然的，但是在改變中間價格的第二個實驗中，出現一個非常有趣的結論。

LARGE 　　　 MEDIUM 　　　 SMALL
7美元 　　　 6.5美元 　　　 3美元

　　一樣的電影院，一樣的爆米花，只是將LARGE和SMALL的中間價格改成6.5美元。

　　如果你是觀眾會選擇哪一個產品？會一直不停地右

邊、左邊來回看。「哪一個選擇帶來的滿足感會更高呢？」
邊想著這些的時候，腦袋運轉的速度也跟著加快。

　　眼神在大杯爆米花與價格表之間來回游移的顧客，大
部分都猶豫一下後選擇了 LARGE。即使是買了最高價的商
品，他們也沒有露出吃虧的表情。因為跟 MEDIUM 的價格
差異很小啊。消除顧客的疑慮，贈與他們更大的滿足，幫他
們消除遺憾的魔法，這就是誘餌效應。

　　「如果在二選一的情況下，

　　加入一個沒有魅力的第三個選項，

　　就可以改變原有二個選項的偏好度。」

　　也就是說，如果想要誘導顧客選擇賣家希望他們選擇
的選項，所增加的選項被稱謂「誘餌選項」，藉由這個選項
所發生的正面效果就被稱為「誘餌效應」。利用誘餌效應，
想賣什麼東西就能賣什麼東西。仔細地看前文所提到的爆米
花例子，就可以獲得決定性的線索。LARGE 與 MEDIUM 的
大小差異很大，但價格差異只差了 0.5 美元。用「價格下降
較少」的中杯爆米花當誘餌，藉此推動最高價爆米花的販賣
量。不知道為什麼感覺不買 LARGE 會虧到，因此導致過度
消費，也因此讓銷售額差異變大。所以我們稱誘餌商品為
暢銷商品。來算算看吧？假設一天 2000 名觀眾中有 30% 的
人，也就是 600 名會買爆米花。當只有 LARGE 與 SMALL 二

個選項時，爆米花的銷售額如下：

SMALL 3 美元 × 500 名＝ 1,500 美元
LARGE 7 美元 × 100 名＝　700 美元

─────────────────────────

2,200 美元

接著加入誘餌商品，當有 LARGE、MEDIUM、SMALL 三個選項時，爆米花的銷售額如下：

LARGE 7 美元 × 400 名＝ 4,200 美元
MEDIUM 6.5 美元 × 0　＝　　0 美元
SMALL 3 美元 × 200 名＝　600 美元

─────────────────────────

4,800 美元

在這裡減掉原本的銷售額 2200 美元，就可以發現增加了 2400 美元。如果你的價目表只有二個選擇，請一定要增加「誘餌商品」。上／中／下、大／中／小、300 克／250 克／100 克、1 小時／50 分鐘／10 分鐘……。

大份 300 克 200 元　　小份 150 克 100 元

如果上面只有二個選項，請如同下方所列加入誘餌商品。如此一來才能避免顧客集中選擇低價商品的現象。

大份300克200元　中份250克180元　小份150克100元

提供服務也是一樣，

200元／小時　　100元／30分

如同下方所示，加入誘餌商品：

200元／小時　180元／50分　100元／30分

　　如果一直以來都在無意識中用「最高價＋最低價÷2」的方式在決定中間價格，以後請讓中間價格看起來像是「價格下降較少」的傢伙。你只需要提升它的價格，降低它的價值就可以。如果想營業額跟利潤最大化，沒有比阻擋顧客選擇最低價的誘餌效應還好用的方法。多虧誘餌效應提高的營業額與利潤，請完完整整地再次投資在顧客身上。與競爭對手差距愈大，顧客對我的品牌的偏好度就愈高。

　　在做生意的時候，不對，在這一生中請謹記誘餌商品，即使跟價格無關也沒關係。苦惱二個選擇中該選哪個的人，提供他們一個「不成熟的」中間選項，然後幫助他們可以選擇出最好、最高級、最長、最強、最喜歡的東西，就是誘餌的任務。它真的是可以讓賣家與買家同時感到幸福的極少數稀有策略。

可預測的非理性

　　丹‧艾瑞利（Dan Ariely），是杜克大學行為經濟學教授及《誰說人是理性的！》（*Predictably Irrational, Revised and Expanded Edition*）、《不理性的力量》（*The Upside of Irrationality*）等書籍的作者。這裡我想跟大家分享的是在他掀起行為經濟學新熱潮的研究中，有一個與價格相關的內容很有趣。以下是某經濟雜誌的實際廣告：

> 1年期 線上訂閱 59 美元
> 1年期 實體書訂閱 125 美元
> 1年期 線上＋實體書訂閱 125 美元

　　研究團隊拿著這個廣告詢問美國麻省理工學院商學院的100名學生會購買哪一項服務？掃視過一遍的人大概最先冒出的想法會是：

　　「為什麼要放中間那個選項？」線上＋實體書訂閱是125美元，有哪個笨蛋會只買實體書訂閱呢？

　　沒錯，如你所料，大多數的學生都選擇訂閱線上＋實體書。當然也有學生只選擇線上訂閱。但是在100名學生中，沒有1個人只選擇實體書訂閱。你可能會覺得既然是沒有人選的選項，那麼應該沒有什麼意義。但是丹的想法不一樣，他把中間選項去除之後，再次詢問了學生們的意見。

> 1年期 線上訂閱 59美元
> 1年期 線上＋實體書訂閱 125美元

　　明明只把沒人選擇的選項去除而已，卻獲得完全不一樣的答案。挑選線上訂閱的人大福增加，選擇線上＋實體書訂閱的人數則大幅減少。丹對這種雖然沒有人選，但卻對決定有很大影響的中間選項感到非常好奇。

　　「到底是什麼原因導致人類會有這種『反覆心理』？」

　　丹認為人類的非理性是可以被預測，且如果善用甚至可以影響選擇。一直以來被認為是理想且理性的人類做出的非理性決定。在臺灣繁體中文版本《誰說人是理性的！》原文中，他的論點是，如果需要如此煩惱、認真且細膩地做出選擇，就可以引導出非理性的選擇。坊間有許多世界級權威選者及諾貝爾獎得主的研究結果，我們當然不能看完就算了吧？要能應用到自己的生意上。如果一下子把條件換成別的東西，可能會導致混亂，所以我直接套用

剛剛的雜誌訂閱模式。

乾明太魚湯170元

乾明太魚湯＋乾明太魚煎餅360元

　　因為常常需要解酒，所以我很喜歡乾明太魚湯。但是大部分的乾明太魚料理店的菜單，都是由乾明太魚湯、炸乾明太魚、蒸乾明太魚、韓式乾明太魚烤肉等料理構成，然後將其中2～3項組成套餐。即使是非常熟悉的菜單，但每次都還是會挑很久。

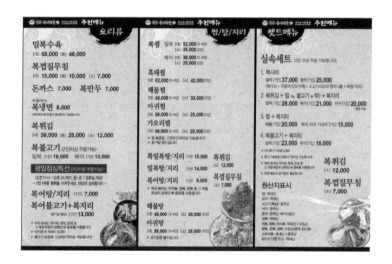

　　「要挑哪幾樣菜，才能被稱讚是懂吃的人呢？有什麼方法可以獲得最多優惠？」

　　視線忙碌地上上下下精讀菜單。實在是不好意思拿出計算機算，所以就開始心算。因為知道售價並非隨便訂出來的，但還是會展開一場外人看不見的心理戰。如果上過丹的課，即使只聽過一次，也可以提出如同下方完全不同的提案。

> 乾明太魚湯170元
>
> 乾明太魚煎餅360元
>
> 乾明太魚湯＋乾明太魚煎餅360元

　　乾明太魚煎餅是我創造的菜品。因為價格基因已經顯露出來的菜品很容易被衡量，所以我就創了一個看起來有那麼一回事的品項。原則！成本要低，但售價要有氣勢，所以我選擇了煎餅。你在創造中間選項的時候也要注意，如果使用蒸蛋這種普通的選項，顧客可能會很冷靜無情地做出理性的選擇。既然如此，不如使用史上最初、不同品種之間的結合等稀少性的選項，這樣才對賣家有利。

　　首先提出的價目表中，乾明太魚湯是顧客們比較喜歡的品項，所以乾明太魚湯＋乾明太魚煎餅相較起來會讓人感覺不只比較貴，又沒有得到更多的好處（乾明太魚煎餅），選擇360元感覺就像吃虧了一樣。要記住，付更多錢這件事對顧客來說是一件非常痛苦的事。所以這時候就該乾明太魚煎餅登場了。它就像是墊腳石，占據在正中央，幫助顧客走向選擇乾明太魚湯＋乾明太魚煎餅的路。

乾明太魚湯170元

乾明太魚煎餅360元

乾明太魚湯＋乾明太魚煎餅360元

　　顧客就會有這種反應「乾明太魚湯＋乾明太魚煎餅只要360元？天啊，不選這個的人是笨蛋吧……。」或是這種反應「不選這種優惠就會虧啊。」最後就會過度消費（？）。如果想創造出不存在的需求，沒有比這更好的方法了。這個策略也可以應用到其他行業：

皮拉提斯5,999元

皮拉提斯＋健身課程11,999元

　　在這裡增加一個中間選項。

皮拉提斯5,999元

健身課程11,999元

皮拉提斯＋健身課程11999元

　　如果顧客表示不滿，該怎麼辦呢？請名正言順地說：「我們非常感謝有人願意來我們這裡買健身課程。但考慮到租金、人力成本、設施維持成本等因素，所以請把這個當作是選擇購買健身課程，就贈送皮拉提斯。」

PART 7

| 顧客策略 |

需求促進消費

필요하면 산다

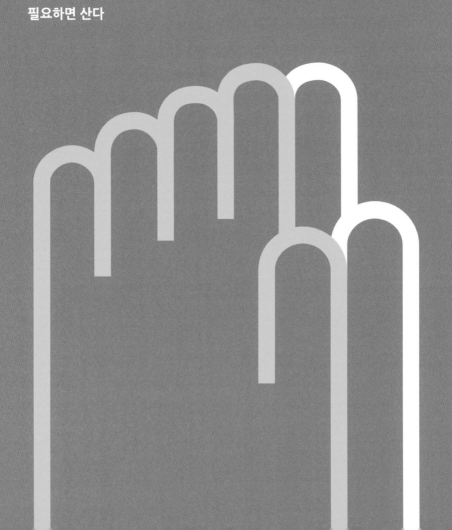

在 MINI 中放入 BIG

「在 MINI 中放入 BIG。」

我深信這是可以創造出前所未有的價格，得到比付出的努力還要更高價格的最佳訣竅。沒有任何武器可以打敗這個傢伙。它愈小愈好。無論是菜單、商品還是服務，如果能將人們難以想像的概念、哲學、技術、想法、儀式和文化等，放入每個人都同意的常識尺寸，那麼價格就是你的囊中物。

「請冷靜分析，將大東西放到小東西裡面。」
「請把 BIG 塞進 MINI 中。」
「在應該放不進去的東西裡，植入非常巨型的『其他想法』。」

請問你有在《造訪地球村》這類的節目看過「毫芒雕刻」嗎？毫芒雕刻也稱為微型雕刻，是一種傳統工藝，用超細緻雕刻技術畫下文字或圖案的藝術。常見的畫布有米粒、

火柴、種子等,再將人物、歷史故事等刻劃在需要顯微鏡才
看得到的地方上。

　　這個領域翹楚是臺灣的陳逢顯老師。他的作品價值幾
十萬至幾百萬,要價不斐。他也是國際奧運委員會認證過的
「奧運藝術家」。想想他居然可以在要用鑷子才能夾起的一
粒米上刻出世間萬物,真是非常令人驚豔。你問價格是多少
嗎?老師開多少就是多少。如果有人想要擁有、想要購買,
那麼就會產生價格。

　　因為不是以「一粒米＋雕刻＝多少錢」來訂價,而是
用「想法」訂價。這個想法愈大,也就是決定要放進去的東
西愈大,價格就愈高。當人們看到畫在一粒米上的一條龍、
刻在一粒米上的一臺賓士、刻在一粒米上的知名人士肖像
畫,大腦會受到很大的刺激。會不自覺地發出「哇!」的感
嘆聲,也會想要紀錄下這瞬間、想要跟別人炫耀。

　　這就是電刺激的魅力。並非只有在小東西裡裝進大東
西的時候才會產生電刺激。遇到超自然現象、看到令人驚豔
的自然風光或接觸到近乎神奇的科技,都會產生電刺激。其
中最強烈的刺激發生,是在 MINI 裡面放入 BIG 的時候。這
個刺激不只帶來驚訝,也會增加產品、作品、商品和服務的
價值,且有形無形的資產都適用。讓我用小說、電影或電視
劇舉例吧?童星出身的主角,在經過各種試煉與糾葛長大成

人，緊握著榮華與富貴漸漸老去。用十幾集的連續劇或二小時左右的電影紀錄70～80年的人生。主角的一生盛裝在短短的影片之中。出版業則有更強大的刺激。不只一個人物的生平，而是將時代、歷史、宇宙或外太空都盛裝在其中。不知道那電刺激該有多強，可以讓人又哭又笑，讓人大叫、感到可憐、感到被鼓勵……，讓我也不知不覺地愛上主角、理解主角。這就是在MINI中放入BIG的力量。

「百萬海軍捲著海霧雲湧而來。」
「在銀河飛行1萬光年的阿斯拉艦隊將在今日回航。」
「活了1000年也不會死的不死軍團。」

如果是看影片的話，會被畫面大小限制住，但如果是讀文字，想像力就不會被限制住。幾張紙、幾句話能乘載的內容無窮無盡。說到這裡，這時候就不能不提到宗教了。聖經、佛經或古蘭經等，將從宇宙誕生之時至今數百萬年的時間，記錄在了活字之中。信徒們享受著這充滿刺激的驚奇。價格與這種電刺激有著非常密切的關係，應該已經有人發現了。

「在MINI（賣場、品牌、商品）裡放進BIG（非常龐大的想法），給予顧客電刺激、提升價值、反映到價格。」

那麼我們要思考「改找哪一種MINI，又該放入哪一些BIG？」最簡單的例子就是開在水族館的生魚片店，因為它把大海放進生魚片店裡了。把大東西放進小東西裡面就是這種概念。普通的生魚片店會將切好的魚放到盤子上，顧客能看到的東西只有整齊擺放的魚肉，沒被看到的東西太多了。要再給你一個提示嗎？為了找出線索，為了將大東西放進我的商品裡，這邊需要倒轉一下。現在開始，時間與空間要逆轉囉。

　　盤子 → 桌子 → 走道 → 廚房 → 魚販貨車 → 高速公路
　　→ 魚市場 → 船 → 大海

　　在這之中規模最大的大海是最好的選擇，這樣刺激才會夠強。為了讓顧客可以聯想到之前沒有顯露出來的大海，我們要將大海放進水族館裡。將大海放進去？去過日本大阪旅遊的人應該看過，大海是當然，甚至還有店家把船也拉進來了。開門走進去的瞬間就會想「瘋了吧！」，然後望向一艘巨大的船，船的四周都是水。顧客們坐到位置上，彷彿變身成船員要開始釣魚。不只是日本，這間店登上全世界各大新聞媒體。看來電刺激已經超越國家與人種，對所有人似乎都具有效果。

　　啊，我忽然想到小兒子小時候用過的床。躺下來就可以看到天花板上的星星在發光。只要打開小機器的電源，整

個天花板就成了宇宙，令人驚豔。最近我輔導的韓定食餐廳，那間店門口就擺放一個玻璃製的智慧型農業貨櫃。也就是將農田搬進玻璃櫃中，結果顧客反應非常熱烈。他們可能是這麼想的：

「哇，這間店可能是親自在這裡種菜吧。」

沒錯，就是為了讓他們有這種反應、為了讓他們能這樣聯想，所以才這麼設置的。知道這件事情之後，就會發生大事。因為你就會開始想把各種大東西都放進小東西裡試試看。在每個領域，第一次嘗試這件事情的人都發財了，因為這本來就是先驅者的優勢。一起來看看吧？在室內釣魚場中放進大海、在植物園中放進森林、在室內攀岩場中放進高山、在魚缸中放進河流、在博物館內放進歷史、在電影院中放進世界、在食物中放進熱量、在室內高爾夫球場放進寬廣的高爾夫球場、在遊戲中放進整個未知的世界、在石鍋飯中放進灶坑與釜鍋、在紅酒中放進葡萄園與歷史、在靈骨塔中放進公共墓園、在公寓社區中放進森林。

如此一來就可以提高價值，價格也會更高。擁有非常大的東西，卻能降低成本及增加好處，當然價值也會上升。高壓縮比就是準備好要收取最貴的價格，因為比起有50隻動物的動物園，有200隻動物的動物園入場費一定更貴。你可以相信我，雖然只是紅茶，但只要在名字裡加上「午

後」兩個字，變成「午後的紅茶」就可以賣得更貴。如果將
早餐跟午餐合成早午餐，就會變得更高級。最後一個是不
用努力塞進去，也可以在MINI享受BIG的訣竅，那就是風
景。舉凡日出、日落、海景、山景等，不需要拿進來，只要
改變顧客的眼界，讓他們的視線從MINI轉移到BIG上。即
使只是幫忙顧客把擁有的從小變到大，但就可以提高價格。
如果在公寓大廈或商店街、大樓、民宿等地方，放入可以看
到漢江的夜景，那價格可以飆高多少大家應該心知肚明吧？
漢江景觀、河景、都市景觀、夜景、高空景觀……，不需要
祭出更多，只要能在MINI中享受BIG、讓顧客感到幸福就可
以了。

那麼我們現在要將哪一種BIG放進我們的賣場或品牌裡
呢？故事、權威、個性、哲學、自然、宇宙、天空和氣候都
可以包含在內。在我管理的品牌中特別常引進季節、節氣和
節日等，就是因為這個原因。品牌化？行銷？沒有必要四處
尋找，搞得如此複雜。為了提升價值、好處及價格，只要在
我的產品、服務中放入「非常龐大的想法」就可以。這些是
競爭對手根本無法想像的，無論是照片、畫作、裝飾品還是
影片，什麼都可以，請在MINI中放入BIG。

要贈與顧客令人難忘的電刺激，
你才能收取想要的價格。

推導出最高價的「需求表」

　　我曾經在韓國國立中央博物觀擔任食品飲料的總顧問。任職於代表一個國家的博物館並不容易，審查、面試、提案等，不過，最敏感的問題是價格。我記得當時我工作得非常開心，認為這是一件可以光宗耀祖的事。本來以為我這一生可能只有這一次機會，但幾年後我再次成為了平昌冬奧會慈善音樂會的顧問，並藉由四次的講座輔導了全國近2000位文化解說員、住宿業、餐飲業和觀光業的老闆。

　　這時候我將「親切」的概念做了180度的轉變。我的人生格言是「改變一個，留下一個」，所以我提出了一種完全不一樣的解釋。我將親切重新定義如下：「親切並不是張開嘴巴露出笑容、兩手放在肚子上彎腰鞠躬，而是要進到顧客的腦中，幫顧客事先剷除他們自己可能也沒發現的不方便、不安與危險，並將疑心轉變成安心。還有當他們擔心會不會有損失的時候告訴他們，我們可以提供比其他品牌都還要多的好處與幸福。這才是親切。」

我只是幫助那些經營得很辛苦的自營業者們，就獲得金融監督院（類似臺灣金管會）院長頒發的感謝狀。因為許多人對我表示感謝，也讓我獲得許多正向的能量。多虧如此，我最近還跟韓國觀光公社一起共事，沒有什麼比這更幸福的事情了。這個案子是將散布全國各地的食物做成觀光商品，透過現正熱門的直播販賣，將全國各地有名的煲湯、燉鍋、炒物、肉、海鮮和飲料等食物做成便利包。

鋪陳有點太長了。回到重點，當我接手某個案子時，所做的第一件事就是拿出圖表，你可以在 275 頁看到類似的例子。前文中提到的所有案子都從這個圖表開始。這也是成功的一個重點，但我會拿出這個圖表其實是因為價格。我現在要公開可以提高價格的特級祕密，你現在收取的價格至少可以提升 10%，至多更可高達 200%。

首先我們要有「需要」（needs）與「想要」（wants）。先提醒你，本書提到的「需要」與「想要」，與學者們提出的解釋並不相同。本書提到的「需要」是一定要具備的東西、一定要有的東西；「想要」是沒有也沒關係，但如果有的話可以提升幸福感，或是想擁有的程度已經超越常識的物品。舉例來說，烤肉店的「需要」有肉、火、烤盤、鹽巴、飯、生菜、醬、燉湯、冷麵、燈、抽煙機、湯匙、水、燒酒和啤酒等，「想要」則是空氣清淨機、氧氣製造機、拋棄式圍裙、能包肉的玉米餅、附在燒酒瓶上的奶薊草和電子衣櫃

需要
needs

想要
wants

衣服　　　　　好看的衣服

等。重新定義這些是為了將你腦中的空間分成二區。

在「需要」這邊要放的是為了不輸給競爭者，需要的品項們。在「想要」這邊要放的是如果有這些東西，可以讓顧客覺得自己有被好好對待。現在我們用圖表再更詳細地說明。

只要有這個表不僅可以提高價格，還可以獲得傳統思考模式無法創造的創意。先來熱身，在這邊放入一個非常簡單的品項。跳繩如何？你現在只要想著自己是跳繩繩子公司的老闆，並想出已經占據在顧客腦海中的競爭者的品牌有哪些。為了擠身跳繩龍頭，將「一定要有的必需品」及「讓顧客想要擁有、想要買的欲望」逐步升級。在這裡先暫停一下！想要擁有、想要購買的產品，到底是哪些東西呢？如果可以回答出這個問題，顧客就會非常想要擁有你製造的產品。

因為我們沒有太多時間，所以先告訴你答案是「沒有的東西」。因為我現在沒有所以想要、想買。所以之後在設計產品或服務的時候，請提供顧客他們「沒有的東西」，顧客會很在意的是他們「之前沒有體驗過的東西」。如果想獲得全世界的矚目，那麼你的品牌就必須像「藥」一樣。如果現在不馬上服用，就感覺頭痛欲裂、愈發心中著急、整個身體都不對勁。如果能像「藥」一樣，那馬上就可以賣得出去。

　　好的，現在我們再看回圖表？產品愈往上代表需要程度愈高，愈往右愈代表能滿足人類想要擁有此產品的程度。

　　現在，讓我們來應用看看馬斯洛（Abraham Harold Maslow）的需求層次理論。

　　首先，Y軸是「需要」。從第一階段開始，需求程度漸漸上升。

- 第一階段　**普通跳繩**
- 第二階段　**可調節長度的跳繩**
- 第三階段　**可以計算次數的跳繩**
- 第四階段　**可計算消耗熱量的跳繩**
- 第五階段　**可以計算體脂肪消耗與肌肉增加量的跳繩**

　　隨著階段增加，「用途」也逐漸明確。我非常喜歡「用途變明確」這句話，因為這樣「要賣給誰」也會愈來愈明確。可以調節長度的跳繩非常適合一家人共用，可以計算次數的跳繩適用在比賽或測驗中，需要減重的人會想要看卡路里及體脂肪的消耗量。請謹記需要會創造用途。若將剛剛「需要」軸的舉例與「想要」軸結合，會發生像夢一樣的事情，進而打開產品與服務的新世界。

需要 ↑

	生理	安全性	社會性	智慧	幸福
5 可以計算體脂肪消耗與肌肉增加量的跳繩		可以計算體脂肪消耗與肌肉增加量＋自動消毒功能跳繩	可以計算體脂肪消耗與肌肉增加量＋可以線上連線功能的跳繩	可以計算體脂肪消耗與肌肉增加量＋國家代表選手指導的跳繩	可以計算體脂肪消耗與肌肉增加量＋可以變成好身材的跳繩
4 可計算消耗熱量的跳繩		可計算消耗熱量＋自動消毒功能跳繩	可計算消耗熱量＋可以線上連線功能的跳繩	可計算消耗熱量＋國家代表選手指導的跳繩	可計算消耗熱量＋可以變成好身材的跳繩
3 可以計算次數的跳繩		可以計算次數＋自動消毒功能	可以計算次數＋可以線上連線功能的跳繩	可以計算次數＋國家代表選手指導的跳繩	可以計算次數＋可以變成好身材的跳繩
2 可調節長度的跳繩		可調節長度＋自動消毒功能跳繩	可調節長度＋可以線上連線功能的跳繩	可調節長度＋國家代表選手指導的跳繩	可調節長度＋可以變成好身材的跳繩
1 普通跳繩					

想要 →

安全性　社會性　智慧　幸福

1. （安全）這條跳繩必須衛生且在使用上很安全。
2. （社會性）能夠像與朋友玩線上遊戲一樣，透過App連動後，可以互相確認彼此的成績。
3. （智慧）不只有個人健康資訊，還可以透過觀看YouTube影片自我訓練。
4. （幸福）原本只是為了減重而選擇跳繩，現在不只可以交到朋友還可以增肌，還可以有自信地脫掉衣服、再也不害怕夏天，也滿心期待有人可以約我去海邊玩。

　　需要與想要結合後，就可以誕生出幸福。我也從沒想過僅僅只是跳繩，就能讓顧客感到快樂。普通跳繩的價格是100元，那第二階段、第三階段、第四階段或第五階段的跳繩各能多賣多少錢呢？如果將五個階段的功能，全部融合在一起，又可以賣多少錢呢？如果你可以將需要與想要像緯線和經線一樣密集地編織起來，那麼你就是價格制訂者。想買跳繩的消費者只需進到網路商店，查看各種功能後選擇自己需要的款式。這裡有一個重點：

<blockquote>「需要就會買。」</blockquote>

　　消費者不會買不需要的東西。反之，他們願意用價格

購買他們需要的東西，所以最重要的是讓消費者感到有需要。如果顧客不知道他們自己需要什麼，那在有趣的產品出現之前，他們不會產生新的需要。要在某個地方接收到新的資訊，他們才會「變得需要」。如果可以創造出新的需要，就可以創造出新的價格。這個訣竅統統在圖表中，將我正在努力開發的「在家也可以輕鬆享受的全國景點的美食餐廳便利包」套用在這個需要與想要圖表上看看吧，這次請注意看價格。

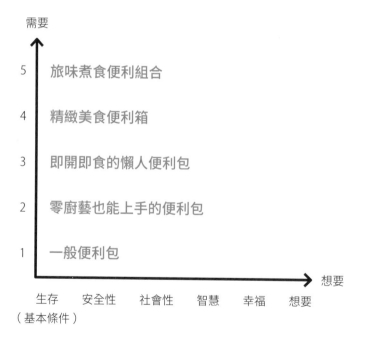

1. 最基本及最便宜的是大家熟知的那種便利包。材料分開包裝、用快遞寄送，最平凡的做法。

2. 下一個階段是非常簡單的便利包。大部分的便利包需要看說明書，如果過程太複雜，顧客就會突然討厭料理。而且如果是年過 50 的顧客，還可能因為老花需要用放大鏡。所以在每一個內容物上面貼上非常大的數字。只要照順序放入就可以。

3. 即開即食的懶人便利包。從這個階段開始，就會漸漸產生用途了。將一個簡單的底座和一個迷你蠟燭放置在一個鋁製底部的包裝容器中。讓顧客無論身在何處，只要有打火機就可以加熱或烹煮便利包。

4. 為了喜歡美食的消費者，需要準備更高水準的食材及特殊的組合。在蔘雞湯加入佛手貝，將芝麻、油、鹽巴等調味料研磨後調配好，讓消費者可以自己調味，創造具有挑戰性的便利包。

5. 食材並非只是單純從產地運送，用無人機拍攝當地風景並在便利包外包裝放上影片的 QR Code，讓消費者在吃東西的同時可以像在旅行一樣。另外，在便利包中也放入落葉、沙子或石頭等，讓消費者即使沒有親自到此旅遊也能感受當地風情。

第一階段與第五階段的便利包的價格差距居然高達200％。你問理由嗎？因為這是顧客想擁有、想買的產品。他們第一次看到這種產品，也是第一次感受到需要此商品。因為這是讓顧客會突然想去露營的便利包。因為這是一種讓他們嘴巴發癢、等不及想宣傳給朋友們的產品。需要、想要、等級、價格……，只要能順利填滿上面的圖表，你也可以幫你的產品找出屬於它的特別用途。認可那個用途、購買產品的顧客將成為你的夥伴及粉絲。改變顧客的想法並不花錢，現在請馬上拿起筆，開始就是成功的一半。

想一想！

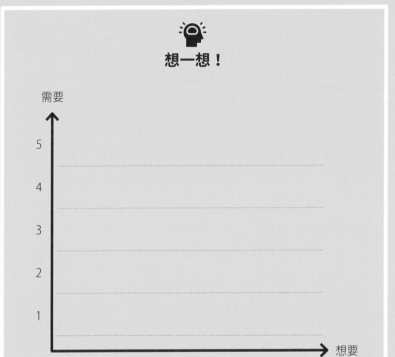

需要

5

4

3

2

1

想要

生存　　安全性　　社會性　　智慧　　幸福　　想要
（基本條件）

在你的產品與服務中：

1. 漸進式的增加功能、性能。
2. 寫下符合需求的階段性點子。

「拜託，能不能賣給我？」

「如果有種商品是顧客在賣場前搭帳棚排二天一夜都想買的，那麼也就有那種即使跪下來哀求別人買也賣不掉的商品。」

第一個品牌製造出顧客瘋狂想要擁有、購買的東西，而另一個公司只是製作出一個顧客連看一眼都覺得浪費時間的普通或「落後」的東西。價格的核心就在這裡。如果某個東西讓顧客想要擁有、想要購買，那麼就會讓顧客排隊。產品、服務、人才、智慧財產權等，這個道理適用在各行各業或各種東西。那麼究竟人類想要擁有、想要購買的東西是什麼呢？只要能找出這個東西，一定可以賺大錢。

「老闆，拜託，可不可以把那個產品賣給我？」

在你的一生當中見過幾次這種優秀的產品與服務呢？我有過幾次經驗，而且發現這些東西都有一個共通點。

不是隨便一個人都可以擁有的東西。

如果擁有了就能成為別人羨慕的對象，

如果有了我的生活可以更便利、更幸福。

類似這樣的產品或服務。我記得我曾經拜託過老闆，如果有進貨一定要聯絡我。

但是為什麼我們沒辦法隨心所欲的製造出這種產品呢？就是那種只要一有空就會打電話確認是否有庫存的那種讓人趨之若鶩的產品。就不吊各位胃口了，來公布答案吧。

「想要擁有。」

「想要購買。」

這二句話的共通點就是「想要」這兩個字。就是想要做某件事的「需求」。

現在我沒有的東西、比我現在擁有的東西還好的東西、如果有的話可以讓我更開心的東西。想要獲得某個東西，或是「想要」做的事情，這些就是需求的「對象」。

情感的需求、擁有的需求、炫耀的需求等，因為我現在沒有所以更想要擁有、渴望獲得它們的心情更加濃烈。如果講到需求，一定會提到一個人物，他就是人本主義心理學

者馬斯洛。他提出自我實現（self-actualization），主張人類只要這樣做就可以發揮自己的潛力。他最具代表性的理論是「動機理論」和「需求層次理論」。根據馬斯洛的理論，人類的行為基本上是根據「需求」賦予動機，這裡有二個原則。

> 「如果需求被滿足後，就不會再做出行為，且需求是有階級的。生理需求、安全需求、社交需求（愛與隸屬）、尊嚴需求（尊重、自尊需求），最後是自我實現需求。」

簡單地說，如果滿足第一階段是吃喝拉撒睡的生理需求，就會產生第二階段對於衛生、安全等安全需求、第三階段證明「人類是社會性動物」的社交需求，需要被愛及想要隸屬於團體的需求。如果滿足了到目前未止的需求，第四階段就想要受到尊重，最後第五階段則想要成為可以追求滿足與幸福的「我」。需求層次理論被應用在非常多的地方。

如果理解人類的五階段需求，你就有辦法不停地想到做生意的點子。我們可以一起做出你想要的商品或服務。如果可以應用這個需求提供產品給消費者，即使現在他們沒有需要，之後也可能會變得需要，你也可以滿足未來他們想要擁有、想要購買的需求。馬斯洛的需求階段理論在各種領域被重新詮釋，建議你也可以盡可能地將它應用在你的生意上。

馬斯洛（A. H. Maslow,
1908～1970）

需求階段理論

　　好的，現在讓我們把場景換到餐廳。因為這是在資本
主義社會完成的交易，所以我們將同時應用需求與價值的
概念。顧客付出多少，我們就應該充分地滿足他們最基本
的需求。分量、溫度和便利性等基本構成要素就屬於最基
本的需求。

分量要足夠、熱的東西要夠熱，冷的東西要夠冷，應該要彈牙的麵就不能糊掉，應該要Q彈的飯就不能太溼軟，要遵守約定提供不被任何人打擾的時間和空間。這些都是最基本的第一階段。現在你應該可以理解為什麼顧客會投訴了。如果違反賣家與買家相互默許的契約，顧客就會提高聲量表達不滿，給低分評價或負評。

要滿足最底層的基本需求，才會產生衛生、安全的需求。可以想成是要吃飽才會去計較乾不乾淨。店門口附有自動噴灑式消毒機、手把與腳踏板都是抗菌材質、桌子跟地板每天會消毒四次、湯匙也不是直接裸裝放在抽屜裡，而是用拋棄式湯匙套套住，這種餐廳是當顧客滿足了美味與豐盛的需求後會找的地方。

如果這二個需求被滿足了，顧客就會邁向更高層的需求，關係、情感及歸屬感。當這筆交易的價值與安全等已經充分滿足時，顧客就會想要「分享」。想跟老闆變得熟識、想要告訴朋友這間餐廳的資訊。只要回顧之前的經驗，就可以快速理解了。分量足夠、非常乾淨、老闆也很親切，看到這樣的店就會很想分享家人、朋友。這是人之常情。

當越過這個階段之後，就會出現一些新奇的需求。想在團體內被認可、被尊敬，也隱隱約約想要表現出自己比起別人擁有更優秀的基因，如知識、資產和經驗等，都屬於這

階段的需求。可能也會開始購買更貴一點的公寓大廈、車、包包、皮鞋、畫作等，或寫書、專注於其他的文藝活動，也會伸出援手幫助他人。餐廳也是一樣，可能會想要被評選為米其林餐廳、學習更多紅酒和料理、渴望成為一間高級料理餐廳或幫助他人、回饋鄰居和社會的餐廳。

如果可以滿足這些階段，就到了最後一個階段，也就是「自我實現」階段，簡單說明這個最終階段，再也沒有需要及想要擁有東西。能稱它為幸福嗎？還是滿足？我成為我自己的完整狀態。將它想做是你可以想像到的最好狀態。

現在是將需求階段理論應用到各行各業，然後繪製一個漂亮設計圖的時候了，就像右頁所示。用燒酒當例子，分別套用生理、安全、愛與隸屬和尊重等四個階段。

雖然可能稍微偏離馬斯洛原本的主張，但慢慢地抽絲剝繭就可以發現一瓶比普通燒酒還更想讓人擁有、購買的燒酒誕生了。廣告也最擅長利用「沒買過的」消費者需求（不是沒錢的消費者，而是沒有使用過現在廣告商品的消費者）。一個一個挑動人類的需求，並將其與產品融合，刺激「沒有擁有」的顧客們。

名人製造的燒酒、可以瞭解到燒酒的
製作方法及燒酒種類歷史的燒酒

想跟喜愛的人一起享用的燒酒

乾淨又安全的燒酒

能讓人爽快喝醉的基本燒酒

「如果購買現在正在看的這個產品，『沒有買過』的你
將會變得如此自在，如此享受，如此幸福……。」

積極地強調觀眾可以獲得的好處。僱用知名人士、權
威人士、讓人有好感的代言人，大方地展現出「顧客的未來
將會因為購買及使用該產品而有所改變」。

這款燒酒全世界限量100瓶。

搖晃之後口感會變得溫和。

跟喜愛的人及要好的朋友一起享受。

使用乾淨的水源，
產線也遵守衛生相關規定。

讓你喝醉後心情變好。

　　幾乎所有的廣告都滿足馬斯洛的需求階層理論，並依照情況包裝自己的商品。讓觀眾想要擁有、想要購買、想要獲得。他們聲稱如果喝涼爽的碳酸飲料就可以獲得驚人的快樂；如果喝啤酒，那個地方馬上就變成派對場子；如果買運動鞋，感覺好像可以馬上參加鐵人三項；只要吃一顆藥，就可以減輕那令人煩躁的頭痛。

　　要去的理由、不要去的理由，要買的理由、不該買的理由，讓顧客想要擁有、想要購買的品牌，盡責地擔任需求滿足師。需求滿足才會產生付款意願，也就是說僅憑類似的

產品與服務，想都別想的意思。想要更理直氣壯地收取想要
的價格嗎？那麼請千萬不要忘記這四項要素。

生理、安全、愛與隸屬、尊重

睡覺的住所 → 乾淨的住所 → 想分享給喜愛的人的住所
→ 可以被羨慕的住所

醫術好的牙科 → 乾淨又安全的牙科 → 想要帶媽媽去的牙
科 → 讓我以身為該牙科患者而自豪的牙科

販售紀念花卉的花園 → 從入口到停車場都很乾淨的花園
→ 想要分享到群組的花園 → 教導我花卉的相關知識，讓
我可以得到知識的花園

修理技術很好的修車廠 → 像咖啡廳一樣的修車廠 → 擁有
十個以上優點的修車廠 → 老闆給的小祕訣常會讓你被認
為是汽車專家的修車廠

販售新鮮肉品的肉舖 → 全韓國最乾淨的肉舖 → 每一塊
肉都贈送適合搭配的鹽巴的肉舖 → 讓你成為肉類專家的
肉舖

不能滿足於客戶的滿足

非常不幸的是，需求跟供給很容易被接受，但只要效用這個詞一出現，頭腦就會停止運轉。效用在字典中的名詞解釋如下：

> **效果**：可以滿足人類欲望的物品效能。

非常簡單的說明就是「藉由消費物品，可以獲得的主觀滿意程度」稱為「效果」。相同的產品或服務，每個人滿意的程度不一樣，所以效果也就不一樣。最後總結就是「我感受到的滿意度就是效果」。再將這個分成加分效果與扣分效果。加分效果就是可以對滿意度加分的意思，扣分效果就像是損失一樣，整體滿意度減少的意思。

購買一個相機三腳架。多虧有它，自拍也可以更穩定地拍攝，拍影片也變得容易。就這樣藉由產品與服務獲得以前沒有過的滿足，這就是加分效果。反之，也有透過這個購買行為，滿意度卻減分的事情。滿意度被扣分？就是變得不

滿意的意思，也就是付錢。付錢就等同於「我擁有的東西消失」，是損失，也是扣分效果。大致上人類比起加分效果，扣分效果會來得更加強烈。有時感覺甚至已經超越不舒服，到達痛苦的程度。所以重要的是要讓顧客與你交易時，能感受到「更多的加分效果」。加分效果愈強，你品牌的粉絲也會愈多，如此一來持續成長的可能性也愈大。

三腳架 ⸺⸺⸺⸺⸺⸺⸺⸺⸺⸺⸺ 290元

方便、完成度、安全

（加分效果）　　　　　　　　　　　　（扣分效果）

前文中有提過吧？加分效果愈大愈好！扣分效果愈小愈好！只用一個普通的三腳架想增加滿意度，門都沒有。你要讓顧客覺得可以獲得很多的好處。

鈦製三腳架，比原本的堅固二倍、有藍芽

遙控器，何時何地都能自由拍攝的三腳架 ⸺⸺ 290元

現在，你應該已經發現要如何提高加分效果，但是，我們該如何減少扣分效果呢？無條件打折是不可能的。這時候必須引入的要素就是「原價策略」。這個策略雖然沒辦法打折，但可以讓顧客覺得他少付錢。

鈦製三腳架，比原本的堅固二倍、有藍芽

遙控器，何時何地都能自由拍攝的三腳架 ············· ~~400元~~

290元（限量特價）

　　你有看到用紅字標示的價格嗎？那個意思就是說：「原本要收這麼多錢的，但是因為經濟不景氣，為了你，我願意減少我的利潤，用比原來更便宜的價格販售。」這就是明顯地表現出你的產品比其他的東西品質都還要好，而且同時證明你非常愛你的顧客。那麼顧客會因為可能需要支付400元的扣分效果，減少到了290元而感到開心，還可以獲得因為優惠110元而獲得額外的加分效果。如此一來滿意度就無條件地高於那些不顯示「原價」的情況。

　　還有其他幾種方法，買咖啡可以集點、買化妝品可以累積點數、刷卡可以有現金回饋，這些都是為了減少顧客感受到的扣分效果的焦急策略。還有一件非常重要的事，290元的三腳架跟400元的三腳架，任誰來看品質都不會一樣。而揭露原本的價格，不只可以提升效果，也可能可以提高顧客對產品品質的評價，所以並不是平白無故揭露原價。

　　現在我們已經掌握完加分效果及扣分效果，從明天開始韓國的價目表將會有所變化。

- 剪髮 ~~1140元~~ 800元
- 汽車旅館一泊 ~~2570元~~ 1580元
- Gore-Tex 運動服 ~~5700元~~ 4600元
- 注射維他命針 ~~2000元~~ 1099元

　　但請切記一個非常重要的重點。如果你提供的是一個令人難以置信和荒謬的價格，你將會被視為不道德的賣家，顧客拒絕購買是當然的，可能還會形成可怕的輿論。所以當在制訂「原本的價格」時，一定要用心寫下真正想收的價格。然後要詳細、細膩地提供資訊，讓顧客可以充分感受到加分效果。

　　只要給他們一點線索，他們就會馬上看懂。因為已經有過太多經驗、看過太多資訊，所以是灌水的價格還是合理的價格，可以用直覺就分辨出來。我提過很多次，人類是比較的動物。只要能適當利用加分效果與扣分效果，就可以提升顧客的滿足感。不僅如此，還可以看到長長的排隊人龍喔。

　　「老公，我看到一個很便宜的運動服，要不要把
　　你的還有孩子們的都先買起來？」

PART 8

您想要多賺
多少錢呢？

얼마나 더 벌고 싶으세요？

利潤方程式養活我和家人

　　如果有人問你：「為什麼要做生意？」你一定百分之百會回答：「因為想賺錢。」但是賺很多錢就會幸福嗎？如果每天拚死拚活的工作，卻沒有利潤的話呢？你現在就是處於這種情況嗎？好的，讓我來為你點一盞明燈。不管是生意人還是企業家，從商都是為了賺取利潤。這是根本中的根本。如果你在做的事情沒有利潤可言，這對你的未來真的是一件非常可惜的事。那麼，準確來說利潤是什麼呢？這與單純提高營業額是完全不同的次元。為了擁有利潤，必須把注意力全部集中在利潤上。這樣才能獲得想要的幸福。

　　我想要說一件事情，關於利潤與幸福有著非常密切的關係。要賺錢賺到幾歲呢？我很常問這個問題。大部分都會回答：「賺到不能賺的時候。」你呢？我常說賺到不需要再賺的時候就可以。想擁有的、想買的東西如果都有了，那不就不用再賺錢了嗎？我的夢想是60歲退休之後環遊世界，還有蓋學校。試算如果到80歲之前，每個月都要有28萬左右可以花用，那麼總共需要約6720萬。我今年53歲，現在

只剩下七年的時間，我需要賺到比這多非常多的錢，然後
留下6.8億的利潤，才有可能達成夢想。大概計算一下，一
年365天，幾乎每天營業額要增加約14萬才有辦法達成。
這是我待解的任務。所以我努力地講課，沒有課的日子就寫
書，然後拍攝「我身邊的金師傅」App要用的影片。其實在
計算這件事之前，我的生活沒有如此忙碌。但是某一天設立
完目標之後，就突然發現時間很珍貴。結果我自己找出可以
充分利用時間，將利潤最大化的方法。不管是經商還是人
生，利潤真的很重要。利潤……看起來很單純，但又很複雜
的傢伙，要計較的東西不是只有一、二件而已。為了我和你
幸福的未來，我們有必要常記一個公式。

利潤＝（售價－成本）× 銷售量

假設售價290元的產品，成本大約為230元。成本包含
原料、人工成本、租金和營業費用，剩下的60元乘以銷售
量就是利潤。假設每日平均銷售量為100份（周休一日）。

（290元－230元）
＝60元　　　　　×100份　×310天＝1,860,000元

為了將利潤最大化，需要動到三個東西。

1. 提高售價
2. 降低成本
3. 提升銷售量

　　首先，本書的內容是提供顧客許多可以推測價格的線索及轉化構成價格基因的分子，以提高售價。如果漲幅太高，有可能會流失顧客，所以先只漲15元看看吧？

（305元－230元）

＝75元　　　　　　×100份×310天＝2,325,000元

　　與漲價前的186萬元相比，居然增加了46萬元。收益率竟提升25％。只不過把價目表上的價格提升15元而已，46萬元可以買700本《其實你可以再賣貴一點》、15套3萬元的西裝，或是一臺輕型車，也可以買勞力士手錶。不管是最高價、中間價還是最低價，請從你的價目表中選擇一個漲價15元，只漲15元就好，就會發生這些事情。我的課程「做生意靠價格」的學生，在聽完第一堂課之後邊拍手邊讚嘆「賺了46萬！」。

　　這次我們來降低成本吧？這並不是請你一定要使用便宜的材料。我常提醒你，沒有任何理由就減少成本，顧客也會隨之流失。請找出怎麼樣可以便宜購入品質好的材料。是請你透過團購、締結合作關係或大量購買等，嘗試用各種方

式來降低成本。假設我們降低10元的成本。現在我的腦海不禁想到「自古成功在嘗試」這句話。這是為了你與家人的未來，所以你必須踏破鐵鞋地努力才行。

$$（305元－220元）$$
$$＝85元　　　　　×100份×310天＝2,635,000元$$

一開始的利潤是186萬元，現在增加了77萬元。真的是讓人非常驚訝，明明只動了價格與成本的各5%，利潤卻比漲價前多了將近50%。但你以為到這裡就結束了嗎？還有更驚人的事情。利用顧客管理系統、活動、邀請活動等，只要你下定決心將顧客數增加10%，你就會發現一個新世界。假設日來客數為10人，就增加1人；日來客數100人，就增加10人。

$$（305元－220元）$$
$$＝85元　　　　　×110份×310天＝2,898,500元$$

天啊，居然有這種事！比起最一開始的利潤，增加了103萬元。現在連計算成長的收益率都沒有意義了。如果漲30元呢？利潤……利潤是341萬元！加入商業社團，再計算每秒勞動力生產力，將成本從減少400元變成減少800元呢？可以將利潤提升至375萬元。好的，這一次行人變成客人，客人變成常客，常客變成VVIP，顧客人數提升20%左

右的話會怎樣呢？真的是會讓人不自覺地說出「好啊！」，利潤就毫不留情地增加到了400萬。我與1000多位的弟子，在2019年就成功提高超過280億的營業額，並將利潤最大化，都是從這個表開始設計的。第一次學習價格的人應該會驚訝到起雞皮疙瘩，邊自責「我一直以來到底都在做什麼呢？」，但是其實你是多麼的幸運，因為就算是現在也還不晚啊。

除了前文提到的二個願望，其實我還有一個願望。那就是你認識我之後，可以成為大富翁。因為在這最後，我終於把前文提過的策略和內容連接起來的價格特級祕訣告訴了大家。請相信，但不是相信我，而是相信自己。如果不相信自己做得到，利潤是不會自己變多的。這是我最感謝價格的部分。

「利潤會帶給你寬厚。當你看著利潤增加時，身為老闆的你會更暖心、更寬厚。對家人也是，對顧客也是。」

暢銷價格的祕密

　　現在你也已經掌握了誘餌效應，已經可以自由地發展高價方案。在高價與低價中間安排中間價位，而且既然要做，該產品或服務的價格要與高價很接近，但品質卻跟不上高價產品。雖然這是我個人的想法，但其實最靈活採用這個策略的品牌就是 Apple。無論是 iPhone 還是 MacBook 都少不了誘餌商品。

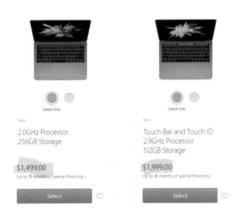

MacBook Pro 的價格和規格。資料來源：Quora.com, Andres Joya

這是 Apple 官方網站販售中的 MacBook Pro 的價格與
規格。這二個產品價差近 15000 元，有錢的人會毫不猶豫地
購買最高規格的產品，但是經濟條件沒有那麼寬裕的顧客會
認真地比較再比較。右邊的高價產品，就如同其他所有的電
子產品，強調那壓倒性的技術差異。經典功能脫穎而出，觸
控列及 Touch ID 也就是這個產品是屬於另外一個次元。用
壓倒性的技術在之前登場過的筆記型電腦之間劃下深深的
一筆，再加上處理器從 2.0GHz 提升到 2.9GHz、記憶體也從
256GB，提升二倍成 512GB。

　　500 美元的差異，對於編預算的人來說是非常大的。
對於有能力購買 1999 美元高價產品的人而言，500 美元不
過是 25% 的費用。但對於想購買 1499 美元低價產品的人而
言，卻是增加 33% 的負擔。不過從賣家的立場上來看，賣
出高價產品才是有利的。但是不管再多強調性能，超過預算
的消費會導致購買阻力產生。這時候最好用的要素就是誘餌
商品。誘餌商品跟高價產品的價格類似，但從某個角度來
看，又要可以看出它們的性能落差極大，這樣才有效果，這
件事大家都還記得吧？中間價位產品的價格需要接近 1999
美元，但是性能有大幅度的落差。

　　這就是為什麼跟銷量相比，Apple 的銷售額和利潤都
比較好。顧客在購買競爭品牌時，大多選擇中低價位的產
品，但相反地，當他們購買蘋果產品時，則會想著「既然如

此」而選擇高價產品。

使用誘餌效應的 MacBook Pro 的價格與規格。
資料來源：Quora.com, Andres Joya

　　請仔細看看。新登場的誘餌商品非常厲害。它跟高價產品使用一樣的處理器，也具有觸控功能但卻有一個傢伙扯後腿，記憶體居然差了二倍，而且這個訂價之所以成功，是因為誘餌商品的記憶體與低價款是一樣的。大家發現了吧？跟低價商品一樣的規格，這對買家而言是致命的一擊。天啊，貴300美元但記憶體居然一樣？大腦不像剛剛一樣，一下子就接受了。結果多虧第三個選項，顧客會大膽地選擇「過度消費」。

如果你已經可以看出 Apple 的策略，那麼也就可以發現它的訂價策略與其他品牌相比根本已經不在同一個水平。雖然有漸漸進步，但是由於韓國國內幾乎沒有價格專家，所以各個品牌都只顧著增加商品的魅力。顧客比較之後，最後就會購買所謂「CP 值」高的產品，而非品質最好的產品。

최저 **2,198,000원**

화면크기 : 15인치(37~39cm)　무게 : 1.26kg　종류 : 코어i7 11세대
운영체제 : 윈도우10 홈　CPU : 코어i7-1165G7　칩셋 제조사 : 인텔
판매처 137　★4.9(999+)　찜 467

최저 **2,443,800원**

화면크기 : 15인치(37~39cm)　무게 : 1.57kg　종류 : 코어i7 11세대
운영체제 : 윈도우10 홈　CPU : 코어i7-1165G7　칩셋 제조사 : 인텔
판매처 162　★4.8(999+)　찜 407

최저 **1,698,000원**

화면크기 : 15인치(37~39cm)　무게 : 1.63kg　종류 : 코어i7 10세대
CPU : 코어i7-10510U　코어종류 : 쿼드코어　코드명 : 코멧레이크　램 : 8GB
판매처 171　★4.8(578)　찜 315

최저 **1,948,000원**

화면크기 : 15인치(37~39cm)　무게 : 1.57kg　종류 : 코어i5 11세대
운영체제 : 미포함(FreeDos)　CPU : 코어i5-1135G7　칩셋 제조사 : 인텔
판매처 32　★4.8(659)　찜 432

韓國筆記型電腦製造商的價目表

　　為了讓顧客選擇高價產品，我們需要一些看起來不那麼遙不可及但又魚目混珠的訂價，這樣顧客才會走上我們所安排的路，提高利潤。衣服、洗衣店、醫院、補習班、便利商店、超市……，不管是哪一個行業，請都試試看誘餌效應。雖然價格與高價產品差不多，但是其中一個條件要與低價產品相同。那麼購買阻力這道厚厚的牆就會倒塌。

特級 430元
普通 290元

　　在這二個價格中間加入誘餌商品之前，有一個要先改善的地方。大家有發現了嗎？

「 價格並非數字，它是資訊。」

　　我認為這句話非常適合現在使用。特級與普通這二項東西，需要有明確的資訊差異。不能因為誘餌效果很厲害、很有趣，就隨便在中間放一個價格，這絕對無法達成想要的目的。

特級　430元（豬肚、鱈魚頭、豬頭肉或牛頭肉、血腸和
　　　　　　湯喝到飽）

上等　385元（豬頭肉或牛頭肉、血腸和湯喝到飽）

普通　290元（豬頭肉或牛頭肉、血腸和湯）

也試著套用在健身俱樂部吧？

VIP　2800元（瑜珈、冥想、健身課程、團體課程、
　　　　　　　健身器材的使用、乾溼式三溫暖、沙拉）

一般　1400元（團體課程、健身器材使用、乾溼式三溫暖）

　　大部分會分成二項，但是我們還需要一個誘餌商品來扮演中間價位的角色。如果沒有學過誘餌效應，就會在考慮訂價之前，無條件地決定中間價位就是2100元。

VIP　　　2800元（瑜珈、冥想、健身課程、團體課程、
　　　　　　　　　健身器材的使用、乾溼式三溫暖、
　　　　　　　　　沙拉）

特別　　　2400元（健身課程、團體課程、健身器材的
　　　　　　　　　使用、乾溼式三溫暖、沙拉）

一般　　　1400元（團體課程、健身器材的使用、
　　　　　　　　　乾溼式三溫暖）

因為你已經完美掌握誘餌效應，現在即使被稱為價格
之神也不過分。

想一想！

　　我曾經在一家生啤酒店裡，用乾式下酒菜解釋設計誘餌商品的方法，讓誘餌商品幫助顧客選擇高價商品。

特級乾式下酒菜　　720元

VIP乾式下酒菜　　600元

（讓顧客可以看得出來，我們不想賣這一個品項）

乾式下酒菜　　　　300元

愛馬仕口紅一支 2250 元

　　一個短髮的黑人女性把一條橘色長方形靠在嘴唇上，映入眼簾的是愛馬仕那特有令人興奮的橘色。畫面一轉，長髮的白人女性也提著一個小巧的橘色盒子，大小約為三根手指頭寬，接著登場的亞洲女性也擺著類似的姿勢。之後的廣告畫面則是用好幾個角度交叉播放，這三位女性都用很小的愛馬仕盒子遮住自己的嘴唇。然後畫面漸漸放大集中到小小的橘色盒子上。當遮住嘴唇的橘色盒子漸漸被移開，紅色嘴唇登場。隨著速度加快，嘴唇的畫面也愈來愈大。接著廣告文案出現在嘴唇上塗著紅色口紅的模特兒了。

HERMÈS
ORANGE TURNS RED

　　「橘色轉變為紅色。」這是一個非常有內涵的句子。這是在預告它的代表色即將改變嗎？它的意思是橘色曾經是最流行的顏色，這是否意味著愛馬仕現在要將流行趨勢從橘色轉變成紅色了嗎？我曾經深陷在愛馬仕廣告裡的這句

話之中。愛馬仕是高級品牌，這是它成立183年來第一次推出的口紅——RougeHermès，一支售價2250元，限量款是2450元，而皮製的唇膏盒價格則要價68600元。跟一支約為290～580元的韓國品牌口紅比起來，愛馬仕口紅的價格已經超越了想像。但是購買愛馬仕唇膏的隊伍卻看不見尾端。在愛馬仕口紅的訂價中，暗示我們許多事情。

愛馬仕最高價的產品是一個約715萬元的包包，因此「愛馬仕的價格」也要反映到口紅上才可以。它可是一家生產出的包包價格可以媲美高級豪華汽車價格的公司所推出的口紅。或許是因為這樣，所以喜歡愛馬仕的顧客，大家都不覺得2250元的價格會令人感到負擔。反過來看，最高價產品為15000元的公司推出的口紅就難以達到這個價格，價格這件事完全是主觀且相對的。

> **愛馬仕口紅 2250元 vs 韓國S牌口紅 2250元**

如果只有這二個選擇，你會買哪一個產品呢？大概十位有九位會選擇愛馬仕。因為如果價格相同，顧客會從權威、傳統、認同、優勢、炫耀、資訊、品質、功能和性能等條件進行比較、選擇。現在，我們來稍微改變一下條件吧？

愛馬仕口紅 2250元 vs 韓國S牌口紅 550元

如果是這樣的話，結果就會不一樣，會依照所得水準及品牌偏好度決定購買哪一支口紅。所以，我想把問題從「請問你會買哪一支呢？」改成「請問哪一個的品質更好呢？」你發現了嗎？人類認為高價就是高品質。高品質卻很便宜？或是價格昂貴，品質卻很差？顧客總是懷疑這種矛盾的資訊，這是因為輸入二種矛盾的資訊會讓顧客感到混亂。

我請你創造出「高級產品」也是這個原因。隨時打開我的店門，讓知名女演員或大企業的會長進來。儘管價格非常高，但重視高品質的顧客總是準備好付更多錢。要接待這種高收益的顧客，才會有高效率。你可以享受到即使賣得比較少，卻有比較多利潤的神祕現象。

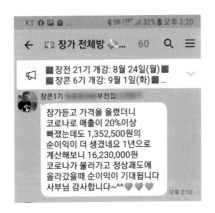

> 清潭洞烤肉 370元　　狎鷗亭烤肉 370元

如果價格相同，那麼就會構成比較要素，這就是顧客的特性。有多豐盛？有多用心？又有多有趣？但是有一個方法可以讓顧客對於你的產品與服務留下很強烈的印象。那就是毫不掩飾地表現出我們擁有連「願意多付錢的顧客」都會滿足的技術、訣竅與高品味。現在，我們來更換一下價目表。

> 清潭洞高級烤肉 720元　　烤肉 370元　　狎鷗亭烤肉 370元

我不會問你的購買意願。但是我想問「請問哪一間店使用比較貴的肉品？誰擁有更優秀的技術？哪一間店的氛圍更好？」沒錯，就是這個。不是要你沒有想法地無條件漲價。如果你有那種能力，請不要猶豫。在閱讀這篇文章的時候，你的大腦有一半會覺得同意，有一半會一直不停地提問。

「不能讓顧客覺得我們家很貴啊……。」

如果售價370元的清潭洞「只是」烤肉的品質、分量和乾淨度不如狎鷗亭烤肉，那麼這種擔憂就會成為現實。但是，如果你認為目前使用的食材、迄今為止累積的專業知識及對待顧客的心態比競爭對手好1%的話，我希望你一定要

設計出一個高級價格的名牌商品。

　　我真的很討厭我的讀者被說看起來只是個生意人。我希望可以從顧客的嘴裡聽到「如果是這個老闆，他絕對有資格收這個價錢。」、「雖然有點貴，但我覺得有被好好對待，這間店很適合接待貴賓。還要吃便宜貨吃到什麼時候，今天就奢侈一下囉。」如果我的讀者可以聽到這些話，我就心滿意足了。

請理直氣壯地收錢。
請有自信地創造產品。
請露出笑容，讓他們看見。

　　一定會有顧客想購買你用汗水與努力編織出的產品，不管它有多貴。請相信我，因為這已經被證實過了。

想一想！

「那間店有點貴，但值得。」

要創造出這種品牌，做生意才會輕鬆。知道了嗎？

顧客是自私的，
消費者是殘忍的

「你平常是怎麼訂價的？」

大部分這個問題的回答會分成二派。

1. **「我通常會參考競爭者的價格。」**
2. **「計算成本之後再加上利潤……。」**

我通常會再問這麼回答的人：「利潤通常都抓多少呢？」
原本回答得很快的人，這時候都會顯得有些猶豫。那
麼我換個問法，20％？15％？雖然每個行業都不一樣，但
是如果問他們稅後淨利率的話，通常答案都落在這個區間。
當然，隨著時間推移，這個數字愈來愈低。自營業的現實
是，如果每年營業額在2800萬元左右，納稅後每年大概只
勉強剩下430萬元。

本章想跟你講一些殘酷的事實。制訂價格最需要注意
的地方就是成本。如果沒有成本的概念，可能會發生前面賺

錢，後面虧錢。但是經商並不是只為了不虧損。請冷靜地想
想看看，賣愈多賺愈多，讓家人幸福，這不是我們最初的想
法嗎？所以才忍受創業的辛苦嗎？然而，隨著時間的流逝，
往往會發現我們變得更加被動，只努力地「不想賠錢」。價
格是由我們決定的，但是又是誰來買這個價格呢？沒錯，是
顧客。價格的存亡取決於顧客接不接受。

接下來是訂價的第一個原則。

「價格並非我製造時投入的成本之和，
而是顧客可以獲得的價值之和。」

世界上任何一位顧客都只關心他們支付的金額，而不
關心你或像我這樣的賣家投資了多少的成本。哦，當然，他
們偶爾會好奇「這個產品的成本是多少啊？」，但其實他們
是關心自己持有的資產，也就是他們自己的錢會消失多少。

「付出多少，可以獲得多少價值呢？」

所以你用已經使用的成本來測定價格，本身就是一件
自相矛盾的事，站在購買產品的立場根本對成本沒有興趣。
所以你如果再繼續計較著成本、成本，最後就會遇見一個捧
著算盤、每天都在 Excel 表格前跟自己打架的自己。因為這
是一個顛覆常識的故事，你可能會感到慌張。但這就是價格

令人感到不舒服的真相。

　　你現在出門吃飯、上健身房、剪頭髮或加油的時候，會煩惱的東西是「我有辦法拿回跟我付出的金額一樣多的東西嗎？」家裡附近有二家價格都是一公升40元的加油站，那麼顧客自然會選擇可以多拿一包衛生紙的那一間。但是如果有一天他們知道A加油站的進貨價是30元，而B加油站的進貨價是28元，他們也不會因為這樣就放棄提供衛生紙的，改去成本多2元的那間加油站，因為這不是他們在乎的範圍。

> 「因應2021年物價上漲，我們將調漲價格，請見諒。」

　　這種公告沒有任何用處的原因，就在這裡。顧客只在乎自己的錢，他們根本對你的錢一點關心都沒有。如果真的沒辦法一定要漲價，那就需要提高好處，讓客戶不會轉身。

> 「因應2021年物價上漲，我們將調漲價格。但懷著抱歉和感激，我們準備了香甜的香蕉贈送給來店消費的每一位顧客。」

　　只要讓顧客覺得比起失去的，可以獲得更多，那麼你與他們的關係將能變得更堅固。大家都為了漲價吵翻天了，

這位老闆卻跟別人不一樣欸。給香蕉？真有趣……他們會這樣想,然後還是會購買。也會變成你的粉絲。

A 烤肉 370元　B 烤肉 370元

雖然相同的價格會讓顧客苦惱,

A 烤肉 370元　　　　B 烤肉 370元

- 濟州涯月黑豬肉
- 優質木炭
- 韓國第一的全羅南道米
- 100%海南白菜製成的泡菜

　　請在價格裡加上這些資訊。一個字、一個詞、一句句子……,金額不只可以用數字來表示,如果可以加上好處,顧客就不會再苦惱了,他們會選擇可以得到更多價值的地方。因為你所填滿的資訊,將會變成顧客可以獲得的好處。

　　在過去的27年裡,我一直很傷心。因為無論走到哪裡,價目表都是一樣的。因為沒有人在教用顧客支付的錢可以改變什麼及改變多少。如果想要讓總是在懷疑、比較

的顧客產生信賴感，幫助他們安心、並購買，就必須用好
處之和，而非成本之和，才能算出真正的「幸福價格」。不
要擔心寫的東西太瑣碎，一定要把那些「唉呦，怎麼連這
種東西都寫啊」的東西寫下來告訴顧客，因為人類只相信
眼前所見。

我舉一個非常簡單的例子吧？

剪髮 900 元

- 美髮師 Alex
- 日本 Hikari 光剪剪刀
- Vidal 沙宣多合一洗髮精
- YUME ESPOIR 180 度洗
  髮椅
- 負離子吹風機

剪髮 900 元

你已經擁有了一切，只是顧客還不知道這件事而已。
價目表應該盡可能簡單明瞭，才不會讓顧客感到負擔。但是
這只是你的想法而已。在顧客的立場，他們只在乎支付的金
額及可以收回的價值是否相符。

如果價格相同，就加上價值；如果想收取更高的價格，就加上更多的價值。顧客想要的不是便宜的價格，而是更多的價值。

同時讓顧客和你感到幸福的方法，比想像中還要簡單。我希望本書的讀者可以成為價格革命的先驅者。

價格是這樣上漲的

　　我創造出一個不用看顧客與競爭者的臉色的「最高價格制訂法」。這個指南是準備給爲了想漲價，但是具體不知道要漲多少的人。你記得前面提到的價格基因嗎？顧客腦中想著「應該賣這個價錢吧？」的那個價格。這個價格將成為標準，大概可以認為它是市場上的平均售價。到目前為止，我們已經藉由通貨膨脹、最低薪資調漲等原因，10元、20元地提高價格。結果我們的東西無論是商品內容或價格都漸漸跟競爭者愈來愈像。最後，你的店就不會再出現不停比較的顧客，之後你就不用在乎任何人的臉色、盡情地收取想收的價格了。但是一定要遵守以下事項，好的，現在如果你答得出下面的問題，每答出一個問題就可以漲價1%。

「你有任何一樣產品或服務，是業界首創嗎？」

　　首創用豬腳做成花、首創將米線與高湯分開裝的制度、首創在花束上貼製作影片的QR Code、首創在健身俱樂部販售沙拉、首創使用黃金剪刀剪髮、首創發送使用高溫蒸

氣清潔浴室的影片給訂房者、首創贈送絲巾打法及搭配教學影片給購買絲巾的顧客。如果你可以贈送顧客他們之前從未有過的體驗，那麼你就可以漲價1%。

我的學院中有一門名為「Naver學概論」的課。這堂課是在學習為了可以比任何人都優先、快速且持續地被選擇，該如何靈活運用與攻略，也就是一五一十地傳授所謂「優先曝光」的訣竅。跟你說一件有趣的事情，有一個原則適用所有的行業，無論是食衣住行、生老病死、喜怒哀樂。

「Naver Place的評價數與營業額成正比。」

你一定想說到底是什麼意思……也就是說比起評價沒那麼多的品牌，如果部落客評價或來訪者評價數量愈多，營業額就愈高。請馬上到Naver搜尋你的品牌，有些店有十多筆來訪者評價、部落客評價，有些店則高達2000筆。愈不熟悉網路行銷的店，數字就會愈少。如果有稍微學過行銷或使用策略的老闆，他們的店應該都有超乎他們想像的評價數。這是從2016年10月開始，以1000多名自營業老闆為對象所進行分析研究後得出的數據。

如果評價有200個以上的話，價格上調1%，500個以上的話上調2%，1000個以上的話上調3%，2000個以上的話上調5%。

　　評價不是隨便留的，有理由才會評價。可看性和有趣的東西愈多的品牌，評價就愈多；愈是美麗有趣的地方，評價就愈多。當顧客想要購買或消費卻感到不確定時，他們會自然而然地打開Naver。雖然也會根據年齡層分成Instagram派和Facebook派，但是如果是搜尋還是先從Naver開始。在Naver部落格上有著龐大的資訊量，因此如果有人需要比較，購買前一定會去看一次。在Naver已經形成了「預備去消費的顧客」和看完「已消費的顧客」的評論後，再進行訪問和購買的循環。

　　管理Naver Place比起行銷策略更像是販賣策略，因為它是決定交易會不會形成的地方。「要去嗎？要買嗎？」會煩惱這些是因為懷疑會不會造成損失。但是如果有可以形成信賴感的依靠，那麼即使要多支付1%、2%、3%都不是問題。如果價格相同，一間有10個評價，另一間有1000個評價。請問你會比較想拜訪哪一間呢？而且更有趣的是，要找到找到只有10個評價的地方並不容易，通常要翻過10～20頁，才會好不容易看到一個。

　　我之前已經提過好幾次，為了消除顧客的購買阻力、

多收一點價錢，我們需要馬上幫他們消除痛苦及不方便。與業界競爭者不同，幫助顧客消除多少痛苦，我們就可以多收更多的價格。顧客的想法其實都差不多。如果向精心打扮的女朋友提議一起去吃烤豬皺胃，不管她再怎麼愛這道菜，她一聽到你的提議就會產生這樣的煩惱。

「衣服會不會沾到味道？」

「如果被油濺到怎麼辦？」

「熱量會不會很高？」

「廁所感覺會很髒？」

一聽到豬皺胃這個單字，這些印象就一連串地浮現在腦海中。如果正面聯想多的話，還說得過去，但如果是負面聯想多的地方，那麼她一定會拒絕男朋友的提議。因為這些可以減少顧客共同會想到的不滿意與痛苦的東西，與價格成正比。因此，可以藉由這些東西提升價格。

- 味道 → 電子衣櫃
- 油膩 → 減少油脂噴濺的烤盤
- 熱量 → 提供飯前減少熱量吸收的保健品
- 廁所 → 打造全國最乾淨的廁所（備有芳香劑、漱口水、牙刷、免治馬桶、洗手乳……）

如果可以將這四個不方便轉換成幸福，價格就可以上

調4%。如果可以轉換10個，就可以上調10%。如果20個，那就是20%。

最後一項，歷史跟傳統值得被稱讚，老字號的權威當之無愧，我建議從創立之日起每5年價格上調1%、10年2%、20年4%、50年10%。

又來屋平壤冷麵、晉州會館、河東館、里門雪濃湯、羅州牛骨湯白屋……，現在你應該可以理解為什麼他們的售價比一般售價高10~20%，顧客卻還是絡繹不絕。當然我也知道，也有一些店家歷史更悠久卻賣得更便宜。所以為了消除那「委屈」，我斗膽建議你，現在才剛起步的「菜鳥」品牌，想盡辦法跟有40年經驗的前輩收一樣的價格。充滿歷史與傳統的老字號，價格卻過分親民，這件事本身就很令人鼻酸，我為那些人們的辛勞感到惋惜，所以提出以上建議。如果你理解我的意思，就相信我，繼續看下一個例子吧？

希望價格＝市場平均價格＋首創＋評價＋消除痛苦
＋需求＋傳統

再接下來的例子中應用看看吧。假設我是開業八年的餃子店老闆。

1. 首創起司餃子（1%）
2. 評論數量 200 則（1%）
3. 飲用水、氧氣製造機、蒸氣高溫清潔（3%）
4. 擺盤漂亮到讓人想拍照上傳到社群軟體（1%）
5. 開業 8 年（1%）

　　現在市場上販售的餃子湯平均售價為 230 元，我們也賣 230 元。我們的平均價格是去除最高價與最低價商品後其他商品的平均價格。如果依照這個公式，我們的餃子湯可以調漲多少呢？計算之後發現可以調漲 7%。

$$230 元＋16 元＝246 元$$

　　如果你可以完美地符合上文的標準，那麼多收 16 元完全不成問題，因為你的店面水準、細節比市場平均高很多，這些顧客都是知道的。請切記顧客願意支付高價的地方，都是因為他們可以親眼確認這種「格」是否存在的地方。來計算看看在相同條件之下，因為價格調漲可獲得的利潤有多少（只是更改價目表的數字）。假設一天平均來客數為 150人，那麼可增加的利潤如下：

$$230元 \times 150人 \times 310天 = 10,695,000元$$
$$246元 \times 150人 \times 310天 = 11,439,000元$$

（相差）744,000元

　　增加的利潤可以購買一輛雪鐵龍DS3或飛雅特500這類的進口小型車。我們的店創造出別人沒做過的首創，廣受好評，還可以幫顧客消除他們在其他餃子湯店會感受到的不舒服與痛苦，分析顧客的需求並加以滿足，以及用匠人精神經營了八年，所以有資格收更多錢、得到更多利潤。希望你藉由拾回過去忽視的價格與利潤，即使只有1%也好，可以變得更幸福。這也是我寫這本書的原因之一。我想幫助你，讓你那美好的勞動與努力得到正向反饋。

你到底想要多賺多少錢?

　　以上是關於價格全盤性的說明。九不價格、價值與格、方便性、行為預測、價格基因、折舊費用、120%、越線、溢價定價策略、誘餌效應、錨定效應、免費價格、價格稀少性、加分效果與扣分效果、利潤公式……。

　　如果可以請漲價,也建議你找回之前因為企劃錯誤而無法顧到的利潤。也告訴你因為漲價有可能會造成顧客產生購買阻力,所以要成為第一人及開發新品時使用折扣策略、加量、改變包裝、變更套裝商品內容物等訣竅。

　　但是……到底要調漲多少呢?「看完價格調漲指南之後有找到感覺,但是沒有勇氣。」為了有這種煩惱的讀者,我最後想再送你一個簡單明確的「價格調漲公式」。你應該已經決定要透過折舊漲15元左右、透過中間價格漲60元左右了,也想著要藉由推出誘餌商品,少至漲個85~115元,多至3000元了。好的,現在請借用價格幫助你減少痛苦並獲得快樂,發揮真正價值。畢竟,最終調漲價格這件事情是為

了減少痛苦、將快樂最大化而設計的。

「想在一年之內多賺多少錢？不對，應該問你還想賺多少錢？」

雖然你會想要回答我愈多愈好，但這樣無法就準確推算價格。數字愈明確，就能愈具體地設計出行為。

「不多不少，我希望可以有500萬的利潤。」

這是一種留下比當前利潤更多的策略。雖然每間店的銷售量與營業天數都不一樣，但是你可以自己填入數字應用，請看下列等式。

希望增加利潤＝營業天數 × 銷售量 × 調漲金額（?）

想增加的利潤是500萬，週休一日的話營業天數為310天，銷售量採用平均值就可以，現在問題是調漲金額。

5,000,000元＝310天 × 平均銷售量200份 × ?

我們可以獲得80.7元這個具體數字。無論是高價、中間價、還是低價產品，將一天賣200份左右的產品價格調漲約80.7元，利潤就會增加。再深入一點會發現要注意的東

西不只一、二個。營業額上升所增加的稅金、為了調漲價格，投資的設備、器物等的折舊費用……。

　　我將這個公式果斷地簡化是因為「勇氣」。我的後輩們一直以來為了看顧客及競爭者的臉色，只敢收取與他人類似的價格。但是我希望當他們站在價格調漲這個巨大的壁壘前，可以有「大膽的勇氣」，所以想送他們這個像指南針一樣的公式。如果可以透過這個公式，獲得80元這個數字，你的想法將會改變。

　　「要將哪一個產品調漲80元呢？只要調整價格就好了嗎？既然如此要不要改變包裝、套裝組合、擺盤、裝飾等，動搖根深蒂固占據顧客腦海的價格基因呢？然後要改變組成這個基因的哪一個分子，才能消除顧客的購買阻力呢？」

　　雖然這個公式看似簡單，但是它可以成為你可靠的價格指南。我們要不要貪心一點？把目標訂成1000萬，想要明年可以全家出國玩、也可以換車、也可以提供孩子更好教育的老闆，請將手指放到計算機上，按下310、按下乘號後再按下300，會顯示出93000這個數字。要在這裡乘上多少才會出現1000萬呢？

10,000,000萬＝310天×平均銷售量300份×？

　　即使是數學不好的人也不用太煩惱，請從很小的數字

開始放放看，按了1，變成93000，再按一個0，用10去乘之後變成93萬，要再按一次看看嗎？當按下100之後，930萬這個數字都登場了。既然已經接近1000萬了，就開始換其他數字吧，換著換著愈來愈接近108這個數字，超過1000萬一點點的金額出現了，那麼接下來你要做的事情就是決定要將這108元加到哪一個品項、哪一個價目表上。

　　你現在看價格的視角已經有108度的轉變，如果過去都是隨著外部變化調整價格，例如：因為別人漲價、因為物價漲價，但是現在你已經可以自己主導調漲價格了。你問說如果因為價格導致顧客減少怎麼辦？居然還在問這個問題……我真的再回答最後一次，但是答應我，你會再仔細重讀這本書！如果擔心會因為價格上漲，導致顧客減少。您可以將現有產品維持相同的價格，並推出另外一個提高價格的產品。

新產品　　430元＋108元＝538元

　　　　　　　　　（有差異化、
　　　　　　　　　能增加格的資訊）

原有產品　　430元

　　如果是在過去很信任你並相信你的品質的顧客，一定會對新產品感到好奇。如果沒有，則需要一些時間來引導他們購買新產品。這次的新產品不太一樣喔，不是只有單單一個名詞，而是使用了動詞寫進有水準的資訊、有益於顧客的

資訊。顧客的購買意願會取決於你產出並填入哪些資訊。既然如此，希望你可以乾脆貼上一張很大的新品照片，並在價格表上加框加註。那麼一定會賣得出去。

因為無論何時何地，都有一定會有顧客願意為你的產品或服務支付更多金額。

- 持續地提升格。
- 仔細地在價格中放入資訊。
- 如果可以，請走別人不走的路。
- 寫下用來推測價格的線索。
- 利用科學（心理）的方式。
- 消除顧客的不方便與痛苦。
- 努力思考如何讓顧客更方便、更幸福。

這就是訂價策略。價格並非數字，而是哲學及心理學。希望這本書可以減輕你的煩惱和困難。

如何快速讓更多人
知道我的價格

　　讓我們回到一開始提到的「格」，我說「價格＝價值＋格」。最後為了可以訂出完美的價格，需要另外二個元素，那就是隔跟檄*。第一個隔，它的意思是遮斷。也就是間隔、分隔的隔。很有趣吧？價格之中居然包含所有的商業哲學。所以我才跟你說「價格並非數字，而是藝術及心理學。」

　　請盡可能遠離現有的東西。當商品和服務與現有的產品離得愈遠，價格就愈高。更準確的說法是，漲價也不會有任何問題。為什麼？因為沒有東西可以比較啊。人類是會思考的動物，而大部分都是在思考怎麼比較，品質、內容物、價格都會被比。雖然站在賣家的立場會感到很不舒服，但這也是無可奈何的。因為要賣出去才有辦法生存，所以要隨時隨地做好被比較的覺悟。如果是聰明的老闆，有必要分析這個流程。到底要用上什麼方法才有辦法不被比較呢？

---

*韓文音同「格」，有急的意思。

正確答案意外的簡單。跑遠一點就好。也就是擺脫原有的類別、拋棄所有重複的東西、跟競爭者走完全相反的路。這也是為什麼我跟你說，如果你想要收取完美的價格，「隔」很重要。

「調漲才能活，逃離才能活。」

　　下一個元素非常耐人尋味。行銷的核心都在這裡面了。

檄
1.（名詞）將某件事快速告訴人們的文章。
2.（名詞）著急告訴人們、發往各地的消息。

　　翻著字典，我驚呆了。在這三個「ㄍㄜ╱」字中囊括了生活跟商業。創造出其他普通水準無法比較的高層次「格」，盡可能地間斷「隔絕」後，最重要的事情就是用「檄」的態度快速宣傳。你聽過急文吧？著急地發送的文件稱為急文，所以「檄」是最後一個任務，當你精讀完這本書、成為價格大師後，如果不急著將新商品宣傳出去的話就沒有任何意義。

　　「我製造的商品有這種具差異性的要素、可以減少這麼多你的不舒服與痛苦、具有如此優秀的性能與價值，而且即使如此，我還是只賣這個價格喔。」

要拚了命宣傳這件事情才有辦法存活。那麼首先要去哪裡呢？我的顧客最常去的地方是哪裡？Naver？外送平臺？Instagram？Facebook？如果手裡握的劍太短，那就往前一步。在他們攻擊之前，我們就先出擊。這並不困難，只要知道他們主要活動範圍是哪裡，之後就很簡單了。

#江南美食　#釜山髮廊　#光州汽車旅館
#大邱三溫暖　#濟州海水浴場

首先利用主題標籤（#）遇見對我的商品有興趣的人，一天只需要20分鐘。價格最重要的核心就是「想要擁有、想要購買」。你想要擁有、想要購買的商品是哪一種形式呢？然後對於這個商品和服務，你是怎麼具體地看、說、想、感覺和行動的呢？只要利用#就可以找出來。厭倦宣傳的我們，就像井底之蛙。大部分的人光是顧好營業場地就忙得不可開交了，所以才會難以掌握顧客的想法。如果想做出他們願意付錢的產品，就必須充分分析他們的想法。

按進#，大致上分為二種內容──好評與惡評。要做好覺悟，如果有使用Naver Place跟社群軟體，就可以直接地確認顧客的反應。反之，如果沒有使用，就只能透過與我類似的品牌來審視自己。

我個人相信分析評語對品牌發展最有幫助。請不要覺得麻煩，把正面負面評語都收集起來吧，如果可以列表，會更有幫助。只要試著做十天，就會抓到訣竅了。顧客通常會有類似的反應，所以請在那段時間努力地觀察，就像在默背一樣，大概看100篇左右就可以掌握，可能會來我的店裡的顧客的個性。喜歡的東西、不喜歡的東西、會覺得不舒服的東西、會覺得興奮的東西、會拍照的東西、會忽視的東西等。

　　如果有了標準，就可以找到方向。這就是為什麼有人說做生意看的是方向而不是速度。在這個過程中，無論遇到多麼喜歡的產品，都絕對不能抄襲，不然就會被比較。請參考就好，然後想想沒有什麼方法可以往反方向走。另外還有一些必須要做的功課，要回覆評論，表示你有仔細閱讀，這樣接續緣分才能互相溝通，互相交流意見，才可以更瞭解他們的想法、預測他們的購買行為。按讚、分享、留言、回覆留言、互動……，這樣才會愈來愈熟。這就是網路行銷的核心。好的，在你發的文下面開始有人留言。這時候不能操之過急，倉促行動可能會導致被封鎖。通過這樣結成的關係，大家要展現以下品德。

1. 專業　2. 熱情　3. 學習　4. 為別人著想

　　不能發文還炫耀自己，這件事情之後再做。需要先讓顧客看到誠意，這時候也有二種策略。雖然是不特定多數，

但是已經跟你建立關係的人，對你的商品會蠻有興趣的。向這些人提問不能只是提問，而是用詢求同意的方式詢問。

「之前在辣炒章魚店是不是會覺得不方便？」
「您好奇我們為什麼每天都去市場嗎？」

第一個提問是用來表示同意他們的想法，並且同時表達出已經將他們感受到的不方便與痛苦排除完畢了。第二個提問是為了證明你是比任何人都還要優秀的專家。請在你的部落格、Facebook、Instagram上傳類似文章。看到這篇文章的網友們當然會開始迷上你，因爲這些都是已經讀懂了他們的想法而制訂的對策，客源就是這樣開發的。如果你站著不動，他們就不會來。沒人關心你在店裡做什麼，所以我們必須率先出擊。要證明你是方案、你的品牌努力消除顧客的痛苦與不方便，而且你盡可能為顧客的快樂與需求負責。這樣顧客更有可能找上門，這比發送數以萬計的傳單說我們的產品很棒還要有用。

好的，讓我們進到下一個階段吧。如果只是讀懂顧客的想法，可以增加的來客數也就那麼多而已。為了讓來客數可以等比級數增加，我們需要更加強烈的電刺激。我們需要強力的一擊，讓透過各種管道建立關係的人及碰巧看到留言版的潛在顧客大吃一驚。一邊預測顧客的行為，一邊將它分成各個階段。彷彿是電影或電視劇的劇本。

辦公室 → 空腹 → 沉思 → 討論 → 移動 → 動線
→ 等待 → 進入 → 用餐 → 出店門 → 回家

　　步驟愈具體，效果愈好。但我要怎麼涉入這些階段呢？要怎麼做才能讓他們讚嘆地說出「哇！」呢？如果開始煩惱這個，基本上可以說你已經到出神入化的地步了。在全國各商圈裡，超級會賺錢的人們，他們共同特徵就是非常會編寫這個劇本。

　　「這時候客人會想要水。在他開口之前，我必須先發制人。就是這個，迎賓飲料！」

　　在五星級飯店看到的那個迎賓飲料，居然在社區的烤肉店、洗衣店、補習班、醫院、候位線、警察局和公車上都有提供，這是為了向顧客提供無與倫比的趣味和幸福。像這樣在每個階段都可以編出讓顧客讚嘆不已的劇本，你的店就會用非常快的速度擠進顧客心中。因為這是從未體驗過的細節、因為這是非常渴望的關懷、因為這是即使貴了20～30％也想要獲得的東西，因為可以跟朋友們炫耀……。

　　到這種程度，顧客們就會不由自主地發出這樣的聲音。

「拜託，可不可以賣給我？」

「什麼時候來才可以不用排隊？」

「要等一個小時沒關係，我是怕他們賣完⋯⋯。」

「多虧有這家店，我覺得很幸福。」

「感謝您把店開在這裡。」

　　價格最終的任務就是讓顧客感到幸福。我想讓顧客不會問，也不會計較你提出的價格。希望這一本書可以成為你經商生涯的導航。你已經累積了足夠的內功，即使跟世界權威級的價格大師抗衡也不會輸。你現在已經是可以創造價格的價格藝術家。

不多也不少，請剛好收下三元

　　我花了三年的時間企劃《其實你可以再賣貴一點》，寫了這本代表韓國生意之神的故事。在寫下了我的品牌策略，甚至是自己創業時所遇到的困難之後，我發現終於有一個我真正想講的故事。沒錯，就是「價格」。如果用別人都在用的那些差不多的價格賣東西，那麼價格就是這世界上最簡單、最親民的朋友。但是我突然好奇：

　　「漲價的話，客人真的會消失嗎？那麼喜愛我們品牌的常客，會因為我漲了 15、20 元就不來嗎？要怎麼漲價才有辦法讓我跟客人都不會覺得不舒服呢？真的沒有辦法可以讓漲價之後，客人不會轉頭就走嗎？」

　　這 1000 天以來，我一直沉迷於價格之中。幾乎所有世

界級學者的價格相關書籍我都看過了，非常可惜的是我並沒有找到答案。讀了半天也……所以呢？蛤？怎麼做？因為無論是哪一本書或研究論文，都沒有包含能夠創造出最棒價格的必殺技，所以感覺在每一張章節都碰壁了。這就是為什麼我下定決心要出一本關於訂價的書。

要怎麼決定價格？要用什麼標準決定價格？有沒有什麼特別的訣竅？跟競爭者訂出不同價格的方法是什麼？有沒有可以讓大部分的顧客點頭同意的訂價法？就這樣，一句一句地寫下來，不知不覺二年就過去了，我有了一點信心之後，就開啟「做生意靠價格」這門課程，然後藉由這個課程認識數百位的自營業老闆。雖然對因新冠疫情而陷入困境的讀者表示非常抱歉，但這些人大部分幾乎沒有因新冠疫情而遭受損失。原因很簡單。因為他們漲價了。

營業額＝客單價 × 來客數

跟疫情前相比，來客數被強制減少。那麼到底能用什麼方法維持以前的營業額，或者提高一點呢？只有一條路可以走。如果營業時間減少，來客數減少，那麼拚死拚活也要提高客單價。提高的方法都寫在書裡了，你可以不用擔心。雖然辛苦，但我至始至終都沒放下鍵盤，使出渾身解數的理由都是為了這三元。有許多參加過訂價課程的自營業老闆，現在都能使用相當高水準的訂價策略，對於價格具有非常清

晰的理念。

「幫顧客增加好處、減少費用吧。」

絕對不是叫你少收一點錢，是請你想出訂價策略，讓顧客覺得自己好像少付錢了。現在是贈送你最後一個「想一想！」的時間。右圖是月尾島的「月亮小章魚」的價目表。企劃→實行→確認顧客迴響→修正→補充，經過了這些步驟，目前走到這裡。

「如果想讓價格變成作品，那麼呈現手法與方式就必須不一樣。」如果像普通的套餐，辣炒章魚、章魚清湯（蓮泡

湯）、二隻大炸蝦和自助式炒飯，這樣總金額是 4 萬 700 韓元。如果像這張價目表一樣標價 3 萬 8900 韓元，這樣折扣看起來其實不多。

韓國自營業老闆中，十位有九位都用這種方法做價目表。但是已經學習過價格的他們呈現的方式就不一樣。「要怎麼做才能讓顧客感覺他們獲得更多好處呢？」他們只會煩惱這個問題。

請再仔細看價目表下半部的內容。

「如果點了兩人份的辣炒章魚和炸蝦。」

這是條件。不要只吃辣炒章魚，如果還點了炸蝦，

「自助炒飯只要100韓元*！」

不是把「1900 韓元的炒飯綁在套餐中一起賣」，而是可以用 100 韓元吃到 1900 韓元的炒飯。

嗯，請問你會怎麼選擇呢？套餐價格只比分開點的總價便宜一點點，這件事情連小學生都知道。但是根據我們用

---

*100 韓元約為臺幣三元，本篇為了貼近臺灣讀者，所以使用換算過後的價格呈現。

什麼方式呈現顧客可以獲得的幸福，我們得到的結果就是天壤之別。只要稍微調整一下，就可以隨心所欲地創造出可以讓顧客感到幸福的價格。就像100韓元的炒飯一樣。現在我送最後一句禮物給你，然後我就要回到講堂去了。

　　如果把想法放入價格中，那麼我們想調漲多少就能調漲多少。

　　以這個想法為基礎填滿資訊，我們就可以開心地漲價。如果我們用心製作的資訊，可以讓顧客感到安心，那麼我們就能隨意地漲價。你如果還有更多能讓顧客直接感受到比他們付出的金額多更多的好處，那麼你就能收取到最好的價格。

　　我其實一開始有點不滿意《其實你可以再賣貴一點》這個書名，但是因為我一定要改變你的價格，所以就用有點誇張的方法訂了書名，但原本的書名其實更加挑釁。

　　「其實你可以訂你『想都沒想過』的價格。」

想法改變價格就會改變，
價格改變顧客也會改變，
顧客改變，我的生活才會改變。

參考文獻

1. 丹尼爾‧康納曼（Daniel Kahneman），《快思慢想》（*Thinking, Fast and Slow*），天下文化，2018 年。

2. 丹‧艾瑞利（Dan Ariely），《誰說人是理性的！》（*Predictably Irrational, Revised and Expanded Edition: The Hidden Forces That Shape Our Decisions*），天下文化，2018 年。

3. 丹‧艾瑞利（Dan Ariely）、傑夫‧克萊斯勒（Jeff Kreisler），《金錢心理學》（*Dollars and Sense: How We Misthink Money and How to Spend Smarter*），天下文化，2018 年。

4. 友野典男，《有限理性》（行動経済学 経済は「感情」で動いている），大牌出版，2019 年。

5. 羅素‧羅伯茲（Russell Roberts），《價格的祕密》（*The Price of Everything*），經濟新潮社，2010 年。

6. 理查‧塞勒（Richard H. Thaler），《不當行為》（*Misbehaving: The Making of Behavioral Economics*），先覺，2016 年。

7. 愛德華多‧波特（Porter Eduardo），《一切的代價》（*The Price of Everything*），Portfolio，2011 年。

8. 艾倫‧魯佩爾‧雪爾（Ellen Ruppel Shell），《愛上便宜貨》（*Cheap: The High Cost of Discount Culture*），聯經出版公司，2010 年。

9. 威廉‧龐士東（William Poundstone），《洞悉價格背後的心理戰》（*Priceless: The Myth of Fair Value*），大牌出版，2014 年。

10. 查爾斯‧惠蘭（Charles Wheelan），《裸錢》（*Naked Money*），W. W. Norton & Company，2017 年。

11. 克里斯‧安德森（Chris Anderson），《免費！揭開零定價的獲利祕密》（*Free—The Future of a Radical Price*），天下文化，2009 年。

12. 赫曼‧西蒙（Hermann Simon），《精準訂價》（*Confessions of the Pricing Man: How Price Affects Everything*），天下雜誌，2018 年。

實用知識 80

其實你可以再賣貴一點

打破 CP 值迷思，放大商品獨特價值，讓顧客乖乖掏錢買單
당신의 가격은 틀렸습니다 —최고의 이윤을 남기는 가격의 비밀

作　　者：金裕鎮
譯　　者：張雅婷
責任編輯：李依庭
校　　對：李依庭、林佳慧
封面設計：木木 Lin
美術設計：Yuju
寶鼎行銷顧問：劉邦寧

發 行 人：洪祺祥
副總經理：洪偉傑
副總編輯：王彥萍
法律顧問：建大法律事務所
財務顧問：高威會計師事務所
出　　版：日月文化出版股份有限公司
製　　作：寶鼎出版
地　　址：臺北市信義路三段 151 號 8 樓
電　　話：(02)2708-5509／傳　真：(02)2708-6157
客服信箱：service@heliopolis.com.tw
網　　址：www.heliopolis.com.tw
郵撥帳號：19716071 日月文化出版股份有限公司

總 經 銷：聯合發行股份有限公司
電　　話：(02)2917-8022／傳　真：(02)2915-7212
製版印刷：禾耕彩色印刷事業股份有限公司
初　　版：2022 年 3 月
初版 16 刷：2024 年 6 月
定　　價：400 元
I S B N：978-626-708-919-4

Price: the Secret to Pricing that Leads to Maximum Profit
Copyright © 2021 by 김유진（Eugene Kim，金裕鎮）
All rights reserved.
Complex Chinese Copyright © 2022 by HELIOPOLIS CULTURE GROUP CO., LTD.
Complex Chinese translation Copyright is arranged with DOSEODAM
through Eric Yang Agency.

國家圖書館出版品預行編目 (CIP) 資料

其實你可以再賣貴一點：打破 CP 值迷思，放大商品獨特價值，
讓顧客乖乖掏錢買單／金裕鎮著；張雅婷譯 -- 初版 . -- 臺北市：
日月文化出版股份有限公司，2022.03
360 面；14.7×21 公分 . -- （實用知識；80）
譯自：당신의 가격은 틀렸습니다 — 최고의 이윤을 남기는 가격
의 비밀
ISBN 978-626-7089-19-4（平裝）
1.CST: 價格策略
496.6　　　　　　　　　　　　　　　111000265

日月文化集團 讀者服務部 收

10658 台北市信義路三段151號8樓

對折黏貼後，即可直接郵寄

日月文化網址：**www.heliopolis.com.tw**

最新消息、活動，請參考 FB 粉絲團

大量訂購，另有折扣優惠，請洽客服中心（詳見本頁上方所示連絡方式）。

大好書屋　　　　寶鼎出版　　　　山岳文化

EZ TALK　　　　EZ Japan　　　　EZ Korea

大好書屋・寶鼎出版・山岳文化・洪圖出版

日月文化集團
HELIOPOLIS
CULTURE GROUP

感謝您購買 **其實你可以再賣貴一點**
打破CP值迷思，放大商品獨特價值，讓顧客乖乖掏錢買單

為提供完整服務與快速資訊，請詳細填寫以下資料，傳真至02-2708-6157或免貼郵票寄回，我們將不定期提供您最新資訊及最新優惠。

1. 姓名： _____ 性別：□男 □女

2. 生日： _____年_____月_____日 職業：

3. 電話：（請務必填寫一種聯絡方式）

 （日）_____（夜）_____（手機）_____

4. 地址：□□□

5. 電子信箱： _____

6. 您從何處購買此書？□_____縣/市_____書店/量販超商

 □_____網路書店 □書展 □郵購 □其他

7. 您何時購買此書？ 年 月 日

8. 您購買此書的原因：（可複選）
 □對書的主題有興趣 □作者 □出版社 □工作所需 □生活所需
 □資訊豐富 □價格合理（若不合理，您覺得合理價格應為 _____ ）
 □封面/版面編排 □其他 _____

9. 您從何處得知這本書的消息： □書店 □網路／電子報 □量販超商 □報紙
 □雜誌 □廣播 □電視 □他人推薦 □其他

10. 您對本書的評價：（1.非常滿意 2.滿意 3.普通 4.不滿意 5.非常不滿意）
 書名_____ 內容_____ 封面設計_____ 版面編排_____ 文/譯筆_____

11. 您通常以何種方式購書？□書店 □網路 □傳真訂購 □郵政劃撥 □其他

12. 您最喜歡在何處買書？

 □_____縣/市_____書店/量販超商 □網路書店

13. 您希望我們未來出版何種主題的書？_____

14. 您認為本書還須改進的地方？提供我們的建議？

 _____

 _____

 _____

預約實用知識，延伸出版價值

預約實用知識，延伸出版價值